Teoría del Gas Real

Teoría del Gas Real

La relación exacta para gases reales

Ernesto F. Villacorta Olivares
Master en Ciencias
evillacortao@yahoo.ca

Monterrey, México

Para pedidos de copias adicionales de este libro, por favor contacte con:
Palibrio
1663 Liberty Drive
Suite 200
Bloomington, IN 47403
Llamadas desde los EE.UU. 877.407.5847
Llamadas internacionales +1.812.671.9757
Fax: +1.812.355.1576
ventas@palibrio.com
387350

ÍNDICE

A la memoria de J.V.M., J.V.O. y E.O.R.:
Ellos me enseñaron que efectivamente, la vida es sueño.

A Karim Muci K.

A Alberto Bustani A.

A Martha

I am not ambitious to appear a man of letters: I could be content the world should think I had scarce looked upon any other book than that of nature.

Robert Boyle

If I have seen further it is by standing on the shoulders of Giants.

Errors are not in the art but in the artificers.

Isaac Newton.

Las ideas predominantes de cada época, siempre han sido las ideas de su clase dominante.

Marx y Engels

And in the end, the love you take
is equal to the love you make

Lennon, McCartney

PREFACIO

El propósito de este libro es, básicamente, demostrar que la ecuación de gas ideal que hasta ahora conocemos se ha presentado de manera incompleta. Una vez completa esta relación, se convierte en la única ecuación de estado que describe el comportamiento del gas real de manera exacta. Con el apoyo de herramientas de métodos numéricos y aplicando la teoría expuesta en el presente documento, se podrán realizar simulaciones del comportamiento de un gas real. Los modelos presentados hasta el día de hoy que tratan de describir el comportamiento de los diferentes gases, las llamadas: Ecuaciones de Estado, se apoyan en factores que funcionan de manera inconsistente. Es decir, pueden funcionar bien, pero sólo para unos rangos específicos de presión y temperatura. O bien, pueden simular correctamente las propiedades termodinámicas, pero sólo para un tipo de compuestos. O pueden funcionar satisfactoriamente para la mayoría de los casos, pero irremediablemente, se alejarán del valor exacto para algunas condiciones o algunos compuestos. Esto se debe a que dichas correlaciones matemáticas no son la ecuación exacta que describe el fenómeno termodinámico, son correlaciones que a través de los años se han ido ajustando al comportamiento experimental de los gases.

En esta obra se presentan la teoría y ecuación que describen exactamente el comportamiento del gas real cuando éste se somete al cambio de alguna propiedad termodinámica, es decir, se presenta la ecuación que describe el fenómeno físico, que no tiene nada que ver con correlación matemática alguna. A esta ecuación se le da el nombre de: **Ecuación de la Entalpía Residual**, debido a que es una porción de la entalpía involucrada, la que definirá el volumen del gas. Para ello es necesario visualizar de otra manera lo que entendemos por expansión o bien, compresión de un gas.

En este texto también se presenta la formulación para flujo compresible a partir de la ecuación del gas real, se resuelven problemas numéricos para este tipo de fluidos y son comparados con la solución analítica respectiva.

Febrero 2008

1   OTRA MANERA DE VISUALIZAR LA EXPANSIÓN DE UN GAS

1.1   Introducción

En el presente capítulo se invita al lector a analizar de otra manera la expansión o compresión de un gas. En base a esta manera diferente de involucrarnos en el fenómeno termodinámico, se plantea el modelo en el que se basa la teoría del presente texto. Se desarrolla el balance de energía del modelo y se presenta la ecuación que describe de manera exacta el comportamiento del gas real, la llamada **Ecuación de la Entalpía Residual**. Finalmente se resuelven problemas específicos que involucran las propiedades termodinámicas del nitrógeno en rangos de presión y temperatura, donde el comportamiento de dicho gas se aleja de el del gas ideal.

1.2   El Modelo

Los textos convencionales manejan la expansión de un gas como producto del incremento de su temperatura, resultado de un aumento de la energía cinética de sus moléculas. Esto está universalmente aceptado y esta obra no es la excepción. La divergencia con esta teoría consiste en la trayectoria que siguen dichas moléculas cuando son excitadas.

Convencionalmente se acepta que tales moléculas chocan y viajan de una forma desordenada, su trayectoria depende únicamente de la colisión y por lo tanto, la presión es el producto de millones de colisiones con la pared del contenedor. Si esto fuera cierto, entonces cómo explicar lo siguiente: Supongamos que se tiene un recipiente de tres metros de altura y dos metros de diámetro, dicho contenedor posee una boquilla para liberar presión de dos pulgadas. Este recipiente contiene un gas cualquiera, sujeto a una determinada presión. Bajo este esquema el área de boquilla representa sólo el 0.02% del área total de la superficie interior del tanque. La teoría de que las colisiones con la pared del recipiente generan la presión , sugiere que en el momento de abrir la boquilla, el gas contenido en el interior entrará en contacto con el exterior y en consecuencia la presión del tanque disminuirá, según esto, por que algunas de las moléculas del gas que chocan entre sí, saldrán por el orificio como producto de un momentum generado por las colisiones. ¿Cómo creer que por un área de boquilla que representa aproximadamente el 0.02% del área interior del tanque, se libere presión en una relación: $P_0V_0=P_fV_f$ mucho mayor al 0.02%, si se supone que es un fenómeno totalmente aleatorio donde no interviene nada más que la colisión de las moléculas?, dicho de otra manera: ¿Acaso la relación entre áreas no interviene en la probabilidad de que una molécula de gas al golpear otra, se dirija al área de la boquilla y no se dirija al 99.98% del área restante?, ¿Cómo explicar que en un caos de choques moleculares, justo al momento de abrir una boquilla, de repente las moléculas salen ordenadamente por un 0.02% del área total?. En la presente obra se define que, por el contrario, las moléculas, al ser excitadas, emprenden trayectorias con tendencias bien definidas hacia una determinada geometría. Esta geometría depende de la forma espacial en que se esté transfiriendo calor al sistema mencionado.

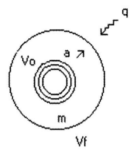

Figura 1.1 Esfera gaseosa de masa m sujeta a la transferencia de calor q

En la figura 1.1 se presenta un modelo donde la transferencia de calor tiene una forma geométrica bien definida. Imaginemos una esfera gaseosa de masa m, que está sujeta a la acción de una fuente de calor q. Dicha esfera originalmente tiene un volumen V_0 para que, mediante la acción de calor, incremente su volumen a V_f a presión constante. Situados en la frontera de V_0

lo que se puede observar es un movimiento normal al plano con una aceleración a, durante un tiempo t.

Este fenómeno físico bien puede ser considerado como flujo concéntrico estimulado por un cambio de densidad en las capas concéntricas, donde el perfil de densidades es generado por el diferencial de temperaturas, resultado de la transferencia de calor.

Supongamos que se tiene un matraz cerrado sujeto a una fuente de calor constante a través del contorno del vidrio. Según la teoría de colisiones dicho calor provoca una excitación molecular del gas contenido que lleva a un número de choques contra el vidrio, los cuales provocarían que la presión se incremente hasta un punto de fractura del vidrio. Ahora si el procedimiento se repitiese, pero con el matraz abierto, habría que suponer que el evento sería el mismo puesto que las colisiones son producto exclusivamente de la excitación molecular. Pero la realidad es que, bajo esta última condición, el matraz no sufre ruptura alguna. ¿Por qué?, ¿Cuál es la razón que evita que el matraz se quiebre, si se supone que las colisiones son totalmente aleatorias, es decir, no orientan a molécula alguna hacia ningún lado en específico, sino de una manera desordenada?, por lo que se esperarían choques moleculares contra el vidrio que terminarían con la fractura de éste. Estas preguntas no pueden contestarse por la teoría de colisiones.

Como se sabe, el gas posee energía cinética interna, que es una porción de la energía interna U, la energía cinética interna total se compone de: el movimiento traslacional de las moléculas, el movimiento rotacional de éstas y finalmente, el movimiento vibracional de los átomos dentro de las moléculas. Además se sabe que sólo la energía traslacional es medida por la temperatura del gas. Es justo en la energía traslacional donde se basa la hipótesis presentada en este texto, en el sentido de que las moléculas se trasladan de una manera ordenada siguiendo un patrón bien definido por la forma geométrica en que se esté transfiriendo calor.

La presión de un gas no cambia como resultado de colisiones moleculares, sino como resultado de la aceleración o desaceleración de las moléculas que se trasladan ordenadamente.

¿Cómo explicar entonces el fenómeno que ocurre dentro del matraz anteriormente expuesto? El calor transferido a través del vidrio va formando distintas capas de densidad en el gas contenido, ver figura 1.2, esto genera dos fuerzas opuestas entre sí: la primera expuesta en la figura 1.1, que se puede representar como el momentum generado por un cambio en la entalpía del gas, representado por la siguiente relación:

$$d\,\hat{H}_R = -\rho v\,dv$$

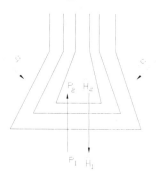

Figura 1.2   Capas de gas concéntricas formadas dentro de un matraz

La segunda fuerza se puede definir como el momentum generado por un cambio en la presión del gas, mostrado de la siguiente manera:

$$d\,P = \rho v dv$$

Ambas fuerzas se anularán mutuamente siempre que se conserve la siguiente igualdad:

$$d\,\hat{H}_R = d\,P$$

Es importante mencionar que para estas dos últimas relaciones aunque la densidad es variable, no es tratada así puesto que su variación es mínima entre capas colindantes.

En resumen: en la expansión de un gas, el efecto microscópico del distanciamiento entre moléculas sucede, pero queda limitado por el efecto macroscópico del momentum generado por el cambio de densidad entre capas de fluido, producto del cambio de entalpía en las mismas. En las capas del fluido finalmente se produce el momentum; como el estiramiento de una liga, cuya resistencia son las fuerzas intermoleculares, que más que darle fuerza conciderable de arrastre a las moléculas, la que obtienen de la Entalpía Residual, le dan dirección al vector en el sentido espacial opuesto en el que se está transfiriendo calor. Fuerzas a las que en el año 1873 Johannes Diderik van der Waals adjudicara las desviaciones observadas de la ley del gas ideal.

1.3   Balance de Energía sobre el Modelo

Aplicando el balance de energía al sistema mencionado, se tiene que el cambio de energía dentro del sistema contabiliza tres tipos: la energía interna, la energía cinética y la energía potencial. Mientras que la energía de los alrededores conciste en el calor transferido y el trabajo realizado. Todo esto nos lleva a la conocida ecuación:

$$\Delta U + \Delta E_c + \Delta E_p = \pm Q \pm W \tag{1.1}$$

Es decir:

$$\Delta U + \frac{\Delta v^2}{2} + g\,\Delta Z = Q - W \tag{1.2}$$

El calor transferido al sistema se descompone en la suma de dos entalpías: la entalpía contenida por el gas: ΔH_g y la Entalpía Residual: ΔH_R, que es la energía que usa el gas en su movimiento de expansión, misma que toma de la energía calorífica que se está transfiriendo. Esto se representa en la siguiente ecuación:

$$Q = \Delta H_g + \Delta H_R \tag{1.3}$$

Introduciendo la famosa ecuación de la energía interna, se tiene lo siguiente:

$$\Delta U = \Delta H_g - \Delta PV \tag{1.4}$$

Considerando únicamente el trabajo realizado por la masa del fluido $W = \Delta PV$, en un proceso a presión constante donde además, los efectos de la gravedad serán convenientemente despreciados, sustituyendo (1.3) y (1.4) en (1.2) se llega a lo siguiente:

$$\Delta H_R + \frac{\Delta v^2}{2} = 0 \qquad (1.5)$$

En forma diferencial, se presenta a continuación:

$$d\,H_R = -v\,dv \qquad (1.6)$$

Integrando se tiene lo siguiente:

$$\int_{H_1}^{H_2} dH_R = -\int_{v_1}^{v_2} v\,dv = -\frac{1}{2}\left(v_2^2 - v_1^2\right) \qquad (1.7)$$

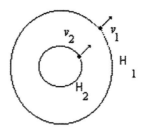

Figura 1.3   Vector velocidad originado por un cambio de entalpía

El signo negativo en (1.6) significa que el sentido del vector velocidad es contrario al de la transferencia de calor.

En la figura 1.3 se representa el vector velocidad para la expansión de un gas conforme transcurre el proceso, se formará un perfil de velocidades, producto de un perfil de densidades, éste último formado por una fuente de calor q. Ver figura. 1.4. Se entiende que dicho proceso iniciará con una aceleración que irá disminuyendo hasta que la transferencia de calor llegue a su fin.

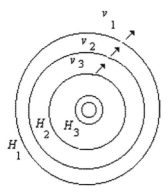

Figura 1.4   Proceso de expansión de un gas.

1.4   La Ecuación de Convección-Difusión sobre el Modelo

Aplicando la Ecuación de Convección-Difusión para un gas en el que empezará la transferencia de calor, se puede observar claramente que término corresponde a la entalpía del gas ΔH_g y que término corresponde a la Entalpía Residual ΔH_R , dicha ecuación se presenta en dos dimensiones a continuación:

$$\rho C p \left(\frac{\partial T}{\partial t} + u \frac{\partial T}{\partial t} + v \frac{\partial T}{\partial t} \right) = k \left(\frac{\partial^2 T}{\partial x^2} + \frac{\partial^2 T}{\partial y^2} \right) = Q \qquad (1.8)$$

Sabemos que la entalpía del gas y la Entalpía Residual, respectivamente se representan por las siguientes relaciones:

$$\Delta H_g = \rho Cp \frac{\partial T}{\partial t} \; ; \; \Delta H_R = \rho Cp\left(u \frac{\partial T}{\partial t} + v \frac{\partial T}{\partial t} \right) \qquad (1.8a)$$

Sustituyendo (1.8a) en (1.8), se tiene lo siguiente:

$$\Delta H_R + \Delta H_g = Q$$

Que es la ecuación (1.3), previamente presentada. Es importante recalcar que (1.8) representa densidad constante lo cual no es nuestro caso, pero para fines de explicar la diferencia entre ΔH_g, y ΔH_R y considerando que es realmente poco el cambio de densidad puntual, la tomamos válida para un punto del dominio.La ecuación (1.8a) establece que la velocidad de las capas del gas es función exclusiva de la Entalpía Residual y que el único factor donde interviene la naturaleza del gas, es decir, el tipo de compuesto, es en la capacidad calorífica Cp. Por lo que se tendrán diferentes Entalpías Residuales y en consecuencia, diferentes velocidades para cada sustancia, Sujetas a la misma fuente de calor. Esto último conduce obviamente a que se tenga diferente volumen según el compuesto para la misma fuente de calor.. Ahora supongamos que estamos en el tiempo dónde la transferencia de calor ha terminado, si aplicamos esta condición a la ecuación (1.7) se tiene lo siguiente:

$$-\frac{\Delta v^2}{2} = 0 \rightarrow v_2 = v_1 = v_{cte} \qquad (1.9)$$

La ecuación (1.9) establece que una vez que cesa la transferencia de calor que provocó el flujo másico concéntrico, el gas continúa expandiéndose a velocidad constante. Sólo una fuerza mecánica externa al fenómeno termodinámico detendría el proceso. Si regresamos al momento inicial, donde principia el proceso, en el que el sistema está en reposo, es decir, en el instante en el que la primera capa iniciará a experimentar movimiento normal al plano, cuando se sabe que $v_2 = 0$. Sustituyendo valores en (1.7) para este momento, obtenemos la siguiente relación:

$$\Delta H_R = \frac{v_0^2}{2} \quad \Rightarrow \quad v_0 = \sqrt{2\Delta H_R} \tag{1.10}$$

Donde v_0 es la velocidad inicial de la primera capa y como el gradiente de temperatura irá disminuyendo necesariamente, luego entonces se tiene la certeza de que esta velocidad es, también, la máxima que puede alcanzar el sistema:

$$\left| v_{max} \right| = \sqrt{2\Delta H_R} \tag{1.11}$$

1.5   La Energía Cinética Involucrada en el Proceso

La figura 1.5 muestra el simple análisis de la energía cinética involucrada en la expansión del gas. El área bajo la curva representa dicha energía y está también representada por la integral de la ecuación (1.7). ¿Por qué no considerar en la ecuación que describe la expansión de un gas de un volumen inicial a otro final, la energía cinética, si de alguna manera tiene que contabilizarse en las propiedades de estado finales?

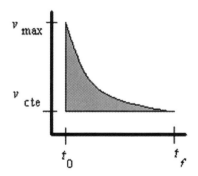

Figura 1.5   Energía cinética involucrada en la expansión de un gas

La Entalpía Residual másica se obtiene a partir de la ecuación (1.6) para un total de masa m, en un determinado volumen. Se tiene lo siguiente:

$$d\hat{H}_R = -\rho v\, dv \qquad (1.12)$$

Donde $d\,\hat{H}_R$ es la Entalpía Residual másica por unidad de volumen

1.6   Ecuación de la Entalpía Residual

La ecuación general de estado para gas real, tomando en cuenta la Entalpía Residual de (1.7) e incorporándola a la relación P,V y T, queda definida de la siguiente manera:

$$PV - \int vdv = RT \qquad (1.13)$$

Donde R es la constante universal de los gases. Esta última relación para una masa definida se expresa de la siguiente manera:

$$PV - \frac{m\Delta v^2}{2g_c} = n\,R\,T \qquad (1.14)$$

La ecuación (1.13) define el comportamiento de todo gas real de manera exacta, ya que todo factor a nivel molecular que pueda influir en las propiedades termodinámicas del compuesto, finalmente quedará contabilizado en la energía cinética del gas. El término inercial de (1.13) ha estado ausente en todas las ecuaciones de estado anteriores a ésta.

La ecuación (1.13) cumple con la Primera Ley de la Termodinámica, esta ecuación recibe el nombre de Entalpía Residual, puesto que si se sustituye (1.13) en (1.7), se puede ver claramente que es la Entalpía Residual la energía originadora del fenómeno termodinámico.

1.7   Proceso a Volumen Constante

Supongamos un sistema idéntico al descrito en el modelo de la sección 1.1, pero ahora la frontera contenedora será sólida, es decir, la velocidad de la capa extrema será igual a cero. Para fines de demostración, se despreciará la conductividad térmica de dicha frontera, lo que se busca es describir el fenómeno termodinámico dentro de la frontera y no en la frontera misma. Para este caso en particular, se tiene la certeza de que la velocidad final de las capas del gas tenderá a cero y para fines prácticos, así como cero, la consideraremos. Substituyendo en (1.7) la mencionada velocidad final y tomando en cuenta la masa del gas m, se tiene lo siguiente:

$$\Delta \hat{H}_R = \frac{m v_0^2}{2 g_c} \qquad (1.15)$$

Sustituyendo (1.15) en (1.14) se llega a lo siguiente:

$$P = P^o + \rho \Delta \hat{H}_R \qquad (1.16)$$

Donde $P^o = n\,RT\,/\,V$, que es la presión si el gas fuese considerado como ideal. El segundo término de la derecha en (1.16) representa la influencia que tiene sobre la presión del gas el movimiento del mismo, el término del efecto inercial.

Debido a que la energía interna del gas es función exclusiva de la temperatura, así también lo son la entalpía y el Cp. Es por ésto que: $Q = Cp\Delta T$, es para todo tipo de proceso, no sólo aquellos a presión constante [Smith et al (1987)]

Gas nitrógeno a 85 Psia se calentará de 276 °K hasta 292 °K a volumen constante de $V = 2.2336\,ft^3$; se desea conocer la presión final. Se tienen los siguientes datos experimentales:

La densidad es $\rho = 0.4977\,lb\,/\,ft^3$ Base de cálculo: 1 lbm
$H_1 = 5251.2\,BTU\,/\,lbmol$

$H_2 = 5452.5$ BTU / *lbmol*
$Cp = 12.65$ BTU / °K *lbmol*

La Entalpía Residual, como se dijo anteriormente, es la diferencia entre el calor total transferido, que es el calor transferido en el proceso del gas ideal Q^o, ya que este tipo de gas no toma en cuenta la energía cinética del proceso, menos el calor contenido por el gas, que es la diferencia de entalpías entre el estado uno, H_1 y el estado dos, H_2. Esto se expresa de la siguiente manera:

El calor transferido en el proceso de gas ideal, Q^o se muestra a continuación:

$$Q^o = Cp\Delta T = \left(12.65\,\frac{BTU}{lbmol^o K}\right)292^o K - 276^o K\big) = 202.4\,\frac{BTU}{lbmol}$$

La entalpía que contiene el gas, ΔH_g es la siguiente:

$$\Delta H_g = H_2 - H_1 = 5452.5 - 5251.2 = 201.3\,\frac{BTU}{lbmol}$$

Luego entonces de (1.3), la Entalpía Residual es la siguiente:

$$\Delta H_R = Q^0 - \Delta H_g = 202.4 - 201.3 = 1.1\,\frac{BTU}{lbmol}$$

La presión para el estado ideal, P^o se calcula de la manera tradicional como se muestra a continuación:

$$P^o = \frac{(85)(525.6)}{496.8} = 89.92\,Psia$$

La presión final se obtiene de (1.16) substituyendo valores y aplicando factores de conversión como se muestra en seguida:

$$P = 89.92 + (0.4977)\left(\frac{1.1 \bullet 777.65}{28 \bullet 144}\right) = 90\,Psia$$

La presión final experimental también es de 90 *Psia*.

1.8   Proceso a Presión Constante

Gas nitrógeno incrementa su volumen a presión constante de 85 *Psia* al calentarse desde 254 °K hasta 350 °K; se desea conocer el volumen final del gas (cuyo valor experimental es de 2.84 *ft³*), si el volumen inicial es de $V = 2.052\,ft^3$. Se tienen los siguientes datos experimentales:

H_1 = 4972.5 *BTU / lbmol*   Base de cálculo: 1 *lbm*
H_2 = 6185.2 *BTU / lbmol*
Cp = 12.69 BTU / °K *lbmol*

El calor total transferido Q^o se obtiene igual que en la sección anterior, como se muestra en seguida:

$$Q^0 = (12.69)(350 - 254) = 1218.24\,\frac{BTU}{lbmol}$$

El calor contenido por el gas es el siguiente:

$$\Delta H_g = H_2 - H_1 = 6185.2 - 4972.5 = 1212.7\,\frac{BTU}{lbmol}$$

La Entalpía Residual se obtiene de la siguiente manera:

$$\Delta H_R = Q^0 - \Delta H_g = 1218.24 - 1212.7 = 5.54\,\frac{BTU}{lbmol}$$

El volumen de gas ideal V^o se obtiene de la forma tradicional:

$$V^0 = \frac{(2.052)(630)}{(457.2)} = 2.8275 \, ft^3$$

Tabla 1.1: Volumen de nitrógeno gas en pies cúbicos, según presión (Psia) y temperatura (°K).

$T = 100 \,^\circ K$

P	EXP	Ideal	VDV	RW	SWR	PR	EER
14.7	4.597	4.695	4.700	4.700	4.649	4.683	4.597
20.0	3.353	3.448	3.375	3.385	3.379	3.413	3.357
30.0	2.202	2.299	2.281	2.287	2.213	2.247	2.204
40.0	1.626	1.724	1.678	1.689	1.632	1.672	1.624
50.0	1.280	1.379	1.307	1.333	1.287	1.321	1.280
60.0	1.049	1.149	1.074	1.086	1.051	1.109	1.050
70.0	0.883	0.985	0.910	0.927	0.887	0.933	0.883
80.0	0.759	0.862	0.790	0.787	0.764	0.810	0.759
90.0	0.661	0.766	0.685	0.703	0.688	0.708	0.661
100.0	0.583	0.689	0.611	0.626	0.591	0.631	0.583

$T = 181 \,^\circ K$

P	EXP	Ideal	VDV	RW	SWR	PR	EER
14.7	8.467	8.499	8.473	8.473	8.482	8.504	8.465
20.0	6.215	6.241	6.218	6.220	6.223	6.212	6.212
30.0	4.133	4.162	4.134	4.139	4.144	4.104	4.130
40.0	3.090	3.122	3.094	3.099	3.099	3.053	3.096
50.0	2.469	2.497	2.468	2.474	2.474	2.422	2.467
60.0	2.053	2.080	2.056	2.105	2.055	2.005	2.054
70.0	1.756	1.784	1.756	1.756	1.755	1.703	1.755
80.0	1.533	1.561	1.533	1.533	1.532	1.480	1.533
90.0	1.360	1.388	1.359	1.359	1.359	1.307	1.360
100.0	1.221	1.252	1.234	1.223	1.223	1.166	1.220

Sustituyendo (1.15) en (1.14), pero ahora despejando para volumen se tiene lo siguiente:

$$V = V^o + \frac{m}{P} \hat{\Delta}_R \qquad (1.17)$$

Sustituyendo valores en (1.17) y aplicando factores de conversión se llega a lo siguiente:

$$V = 2.8275 + \frac{(1)(5.54)(777.65)}{(85)(28)(144)} = 2.84 \, ft^3$$

El valor del volumen calculado coincide con el experimental.

La tabla 1.1 muestra una serie de volúmenes calculados a apartir de una determinada temperatura y para diferentes presiones, utilizando diferentes ecuaciones de estado. Las siguientes correlaciones matemáticas: **Ideal**, gas ideal; **VDV**, Van der Waals; **RW**, Redlich-Kwong; **SWR**, Soave; **PR**, Peng Robinson; Se comparan con: **Exp**, datos experimentales y **EER**, Ecuación de la Entalpía Residual.

Como se puede observar en dicha tabla, el rango de mayor desviación de las correlaciones matemáticas y sobre todo de la del gas ideal, contra los datos experimentales y de (1.13), ocurre a bajas temperaturas y altas presiones, como era de esperarse, el rango justo donde la densidad del gas es mayor. Esto también puede explicarse desde la perspectiva que, mientras más denso es el gas, mayor energía se requiere en su movimiento, luego entonces mayor Entalpía Residual se requiere convertir en energía cinética y menos ideal se comporta el gas.

En tabla 1.1 se ve claramente que , como se dijo con anterioridad, las correlaciones matemáticas se ajustan a los datos experimentales sólo para algunos rangos, pero para otros se desvía irremediablemente su comportamiento.

En realidad los datos obtenidos por **EER** deberían ser idénticos a los de **Exp**, pero el problema aquí es que en **EER** se utiliza el Cp y como se sabe, este factor es función de la temperatura y se requiere de expresiones muy precisas del Cp para obtener datos idénticos.

1.9   Concluciones

En el presente capítulo se desarrolló la teoría y se presentó la Ecuación de la Entalpía Residual. Se definió cómo, mediante una transformación de una parte de la entalpía que gana o cede el gas en energía cinética, se adquiere velocidad.

Este fenómeno físico tiene otro punto importante que contemplar: Pensemos qué pasaría, hipotéticamente si no sólo una parte, sino todo el calor se convirtiese en movimiento en (1.3). Es decir que $\Delta H_g = 0$ y $\Delta H_R = Q$ y si aplicamos (1.11) para entalpía másica para determinar cual sería la máxima velocidad capaz de desarrollarse. Ahora si sustituimos la famosa ecuación de Einstain $E = mc^2$, se tiene lo siguiente:

$$v_{Max} = \sqrt{2\Delta\hat{H}_R} = \sqrt{2c^2} = \sqrt{2} \bullet c \qquad (1.18)$$

Donde c es la velocidad de la luz.

2 INTERACCIÓN CON OTRAS LEYES

2.1 Introducción

En el presente capítulo se presenta de que manera interactúa la Ecuación de la Entalpía Residual con otras leyes como son: La Ley de Boyle y La Ley de Charles. También se desarrolla la EER, para llegar a la Primera Ley de la Termodinámica, comprobando que dicha ecuación cumple con esta ley.

2.2 Interactuando con la Ley de Boyle

En el siglo XVII el químico Robert Boyle (1627-1691) pronunció la ley que lleva su nombre acerca del comportamiento del gas cuando se hace variar alguna propiedad de éste, en la segunda edición de su obra: "*Nuevos experimentos físico-mecánicos acerca de la elasticidad del aire y sus efectos*" (1662). El enunciado de Boyle es el siguiente: "*Si la temperatura de un gas se mantiene constante, la presión ejercida por el gas varía inversamente con el volumen*". La expresión matemática de esta ley es la siguiente:

$$PV = k_B \qquad (2.1)$$

Donde k_B es una constante que toma en consideración el número de moléculas y la temperatura.

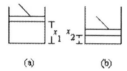

(a)   (b)

Figura 2.1   Envase con pistón en dos posiciones: (a) y (b)

Todo esto se puede visualizar mediante el ejemplo de un envase de gas con un pistón movible en la parte superior, como se muestra en la figura 2.1.
El proceso inicia como se muestra en la figura 2.1 (a) para terminar como se muestra en 2.1 (b). Es decir, que el pistón recorrió una distancia tal, que redujo el volumen del contenedor a la mitad. Todo esto a temperatura constante.
Si el producto de la presión por el volumen da una constante, derivando (2.1) se tiene lo siguiente:

$$d\,PV = 0 \tag{2.2}$$

Integrando del estado 1 al estado 2, se llega a lo siguiente:

$$P_1 V_1 = P_2 V_2 \tag{2.3}$$

Ahora bien, si sabemos que $V_1 = 2\,V_2$ y sustituyendo esta última relación en (2.3), se concluye lo siguiente:

$$P_2 = 2 P_1 \tag{2.4}$$

La relación (2.4) prueba el enunciado de Boyle. Ahora lo que se busca, interactuando con esta ley, es que a partir de la EER obtengamos (2.4) para las mismas condiciones. Para ello se desarrolla el siguiente procedimiento:

Si el volumen se redujo a la mitad y se sabe que el área es constante, luego: $x_1 = 2x_2$. Diferenciando esta última relación con respecto al tiempo tenemos lo siguiente:

$$\frac{d x_1}{d t} = 2 \frac{d x_2}{d t} \tag{2.5}$$

Lo que se puede reescribir así:

$$v_1 = 2v_2 \tag{2.6}$$

Para introducir la EER derivamos (1.14) con respecto al tiempo, sabiendo de antemano que la relación PV es constante y que también la temperatura T, permanece constante. Desarrollando términos se concluye lo que se muestra a continuación:

$$-\frac{d}{dt}\left(\frac{mv_2^2}{2g_c} - \frac{mv_1^2}{2g_c} \right) = 0 \tag{2.7}$$

Aplicando la derivada se llega a lo siguiente:

$$mv_1 \frac{dv_1}{dt} = mv_2 \frac{dv_2}{dt} \tag{2.8}$$

Esto lo podemos expresar de la siguiente manera:

$$m a_2 v_2 = m a_1 v_1 \tag{2.9}$$

Aplicando la segunda ley de Newton: $F = ma$, en (2.9), se obtiene lo siguiente:

$$F_2 v_2 = F_1 v_1 \qquad (2.10)$$

Dividiendo ambos lados de la igualdad entre el área A e introduciendo la relación entre fuerza y presión a (2.10), se llega a lo expuesto a continuación:

$$\frac{F_2}{A} v_2 = \frac{F_1}{A} v_1 \qquad (2.11)$$

Es decir:

$$P_2 v_2 = P_1 v_1 \qquad (2.12)$$

Sustituyendo (2.6) en (2.12), se llega a (2.4) como se muestra a continuación:

$$P_2 = 2 P_1$$

Evidentemente quedó resuelto que la EER, bajo las mismas condiciones que la ley de Boyle, llega a los mismos resultados. Pero ésto va más allá. Esto demuestra a su vez, que bajo estas condiciones, la no idealidad del gas no tiene ningún efecto sobre el proceso. ¿Por qué? Bueno; en el presente texto se sostiene que es en la transferencia de calor, justamente, donde se presenta la no idealidad del gas. Es decir, bajo el enunciado de Boyle en el sentido de negar la transferencia de calor al sistema, cualquier gas se comporta como ideal. Es de esperarse, entonces, que en procesos donde sí se considere la transferencia de calor, el factor de no idealidad se manifieste.

2.3   Interactuando con la Ley de Charles

El físico francés Jaques Alexandre César Charles (1746-1823) descubrió la siguiente relación entre el volumen de un gas y su temperatura: "*El volumen de una cantidad de gas, mantenido a una presión fija, varía directamente con la temperatura Kelvin*". En forma matemática se tiene lo siguiente:

$$V = k_2 T \qquad (2.13)$$

Donde k_2 es la constante de proporcionalidad. Supongamos el proceso desrcrito en la sección 1.2 mostrado por la figura 1.1, donde se tiene la expansión de un gas de un volumen V_1 hasta otro volumen V_2, suponiendo que $V_2 = 2\,V_1$. Ahora bien, diferenciando (2.13) se tiene lo siguiente:

$$d\left(\frac{V}{T}\right) = 0 \tag{2.14}$$

Integrando (2.14) del estado 1 al estado 2 se muestra enseguida:

$$\int_1^2 d\left(\frac{V}{T}\right) = \frac{V_2}{T_2} - \frac{V_1}{T_1} = 0 \tag{2.15}$$

O bien:

$$\frac{V_2}{T_2} = \frac{V_1}{T_1} \tag{2.16}$$

Dejándolo en función de V_1, se llega a lo siguiente:

$$\frac{2V_1}{T_2} = \frac{V_1}{T_1}$$

Es decir:

$$T_2 = 2\,T_1 \tag{2.17}$$

La intención es, ahora llegar a (2.17) a partir de (1.13). Para ello comensaremos derivando los tres términos de (1.13) como se muestra a continuación:

$$d\left(PV - \int v\,dv\right) = dRT \tag{2.18}$$

Desarrollando (2.18) a presión constante tenemos lo siguiente:

$$PdV - vdv = RdT \tag{2.19}$$

Integrando para los estados 1 y 2 el término de la derecha y el primer término de la izquierda, lo que se muestra a continuación:

$$\int_{1}^{2} PdV = P(V_2 - V_1) \tag{2.20}$$

$$\int_{1}^{2} RdT = R(T_2 - T_1) \tag{2.21}$$

Antes de sustituir (1.6) en (2.19), se integra el término de la Entalpía Residual, como se muestra en seguida:

$$\int dH_R = \Delta H_R \tag{2.22}$$

Por lo tanto (2.19) se puede representar de la siguiente forma:

$$P(V_2 - V_1) - \Delta H_R = R(T_2 - T_1) \tag{2.23}$$

Desarrollando (2.23), considerando que $V_2 = 2\,V_1$, se tiene lo siguiente:

$$\frac{PV_1}{R} - \frac{\Delta H_R}{R} = T_2 - T_1 \tag{2.24}$$

Para el estado 1 y sólo para ese instante se puede otorgar lo siguiente:

$$\frac{PV_1}{R} = T_1 \tag{2.25}$$

Debido a que la transferencia de calor no ha iniciado aún en el estado 1, (2.25) se puede aplicar, pues el efecto de no idealidad no se ha presentado todavía. Esto deja de ser válido para el instante posterior.

Sustituyendo (2.25) en (2.24) obtenemos la siguiente relación:

$$T_2 = 2T_1 - \frac{\Delta H_R}{R} \qquad (2.26)$$

Esta última relación es muy parecida a (2.17) pero evidentemente toma en cuenta el efecto de no idealidad debido a que para este caso, la transferencia de calor está involucrada de manera directa en el proceso, a diferencia de la sección 2.2 donde no se involucra.

2.4   Interactuando con la Primera Ley de la Termodinámica

La intención ahora, es llegar a la primera ley de la termodinámica a partir de (1.13). Para ello se considera el proceso descrito en la sección 1.2 mostrado por la figura 1.1 y utilizamos la ya desarrollada ecuación (2.19) tomando en cuenta la relación de la constante universal de los gases con las capacidades caloríficas: $R = Cp + Cv$, como se muestra enseguida:

$$d\,PV - v\,dv = C_p\,dT - C_v\,d\,T \qquad (2.19a)$$

Sustituyendo (1.6) en (2.19a) e integrando todos los términos, llegamos a lo que sigue:

$$\int P dV - \int dH_R = \int Cp\,dT - \int C_v\,dT \qquad (2.27)$$

Utilizando las conocidas relaciones termodinámicas de ΔH y ΔU con sus respectivas capacidades caloríficas y sustituyendo (2.22) en (2.27) se tiene lo siguiente:

$$\Delta PV - \Delta H_R = \Delta H_g - \Delta U \qquad (2.28)$$

Sustituyendo (1.9) en (2.28) y aplicando la relación del trabajo con la presión y el volumen $W = \Delta PV$, además de reagrupar términos llegamos a la siguiente igualdad:

$$\Delta U = Q - W \qquad (2.29)$$

La ecuación (2.29) es la Primera Ley de la Termodinámica para sistemas cerrados, es decir, sistemas donde no hay cambios en la energía potencial del gas y donde dicho gas no estaba previamente en movimiento.

2.5 Conclusiones

En este capítulo se presentó la interacción con las fórmulas de Boyle, Charles y la Primera Ley de la Termodinámica, concluyendo que en todas estas leyes la EER guarda una relación de correspondencia. Pero para el caso de la ley termodinámica lo importante fué demostrar que se cumple con ese importante enunciado de la fisicoquímica.

Quizá el lector se pregunte el por qué se están utilizando conceptos propios del gas ideal como aquellos usados en (2.19a) y (2.27) y peor aún, se mezclan con la teoría de gas real. Bueno, la respuesta es la siguiente: Al principio de este texto se establece claramente el concepto de que la teoría del gas ideal, concretamente la ecuación, no es incorrecta para el cálculo de este tipo de procesos, simplemente está incompleta. Es por eso que factores como las capacidades caloríficas o la constante universal son correctos en su uso en la teoría de gas real. Estos factores no se modifican por el hecho de que una porción del calor transferido al gas, sea utilizada, transformada en energía cinética para que éste logre expandirse o comprimirse, según sea el caso.

3 MODELO DEL GAS REAL

3.1   Introducción

Una vez definido el proceso de expansión del gas como un movimiento de capas concéntrico, puede aplicarse la teoría de flujo compresible a la compresión o expansión de un gas. Todo esto basado estrictamente en (1.12). Sabemos que los modelos matemáticos para flujo compresible varían según el tipo de flujo, ya sea supersónico, sónico o subsónico. Aunque (1.18) muestra que en teoría , se pudiesen desarrollar grandes velocidades, lo cierto es que el fenómeno que nos atiende es el flujo subsónico.
En el presente capítulo se desarrolla el modelo para flujo compresible.

3.2   La Ecuación de Continuidad

Las funciones comunes utilizadas para el modelo de flujo compresible son:

$$\phi\left(x,y,z,t \right) \quad ; \quad \psi\left(x,y,z,t \right)$$

Llamadas el potencial de velocidad y la función de corriente, respectivamente. Si definimos a la densidad como una propiedad continua y utilizando una descripción Euleriana, se establece que esta es una función tanto de la posición como del tiempo. Utilizando el sistema de coordenadas cartesianas rectangulares se define así:

$$\rho = \rho\left(x, y, z, t\right)$$

Un cambio de esta variable queda definido por medio de la siguiente expresión:

$$d\rho = \frac{\partial\rho}{\partial x}\,dx + \frac{\partial\rho}{\partial y}\,dy + \frac{\partial\rho}{\partial z}\,dz + \frac{\partial\rho}{\partial t}\,dt \qquad (3.1)$$

El principio de la conservación de la masa establece que la masa definida dentro de un sistema permanece constante. Considérese un elemento estacionario de un volumen $dx\,dy\,dz$ en el espacio, a través del cual existe flujo de materia, como se indica en la figura 3.1. Ahora si restringimos el análisis del flujo únicamente en la dirección del eje x, la velocidad de entrada de materia a través del plano yz situado en x es:

$$\left(\rho\,v_x\right)dydz \qquad (3.2)$$

La velocidad de salida de materia a través del plano situado en $x + dx$ está dado por:

$$\left(\rho\,v_{x+dx}\right)dy\,dz \qquad (3.3)$$

Para los otros planos pueden escribirse ecuaciones análogas. La velocidad de acumulación de materia en el elemento de volumen se define así:

$$\left(\frac{\partial\rho}{\partial t}\right)dxdydz \quad (3.4)$$

Realizando un balance de materia en los tres ejes coordenados se obtiene la siguiente expresión:

$$\left(\frac{\partial \rho}{\partial t}\right)dxdydz = \left(\rho v_x - \rho v_{x+dx}\right)$$
$$+\left(\rho v_y - \rho v_{y+dy}\right) \tag{3.5}$$
$$+\left(\rho v_z - \rho v_{z+dz}\right)$$

Figura 3.1   Región de volumen fija en el espacio

Dividiendo (3.5) entre $dx\,dy\,dz$ y tomando límite cuando estas dimensiones tienden a cero, se tiene lo siguiente:

$$\frac{\partial \rho}{\partial t} = -\left(\frac{\partial \rho v_x}{\partial x} + \frac{\partial \rho v_y}{\partial y} + \frac{\partial \rho v_z}{\partial z}\right) \tag{3.6}$$

Que es la ecuación de continuidad, la cual describe la variación de la densidad conforme cambia la velocidad másica ρv. El signo negativo establece la disminución de la densidad de flujo de materia por unidad de volumen. Utilizando notación vectorial se llega a la siguiente expresión:

$$-\left(\nabla \bullet \rho v\right) = \frac{\partial \rho}{\partial t} \tag{3.7}$$

3.3   Formulación en dos Dimensiones

La ecuación de continuidad (3.7) en dos dimensiones puede expresarse como:

$$\frac{\partial}{\partial x}\left(\rho u\right) + \frac{\partial}{\partial y}\left(\rho v\right) = \frac{\partial \rho}{\partial t} \qquad (3.8)$$

La función de corriente y el potencial de velocidad se pueden definir a través de las siguientes relaciones:

$$u = \frac{\rho_0}{\rho}\frac{\partial \psi}{\partial y} \quad y \quad v = -\frac{\rho_0}{\rho}\frac{\partial \psi}{\partial x} \qquad (3.9a)$$

$$u = \frac{\partial \phi}{\partial x} \qquad y \quad v = \frac{\partial \phi}{\partial y} \qquad (3.9b)$$

Donde u es la componente horizontal y v la componente vertical de velocidad. Para facilitar el desarrollo que se llevará a cabo se introduce la siguiente notación:

$$\psi_x = \frac{\partial \psi}{\partial x} \quad ; \quad \psi_y = \frac{\partial \psi}{\partial y}$$

$$\phi_x = \frac{\partial \phi}{\partial x} \quad ; \quad \phi_y = \frac{\partial \phi}{\partial y}$$

$$\psi_{xx} = \frac{\partial^2 \psi}{\partial x^2} \quad ; \quad \psi_{yy} = \frac{\partial^2 \psi}{\partial y^2}$$

$$\phi_{xx} = \frac{\partial^2 \phi}{\partial x^2} \quad ; \quad \phi_{yy} = \frac{\partial^2 \phi}{\partial y^2}$$

$$\psi_{xy} = \frac{\partial^2 \psi}{\partial xy} \quad ; \quad \phi_{xy} = \frac{\partial^2 \phi}{\partial xy}$$

$$\psi_x^2 = \left(\frac{\partial \psi}{\partial x} \right)^2 \quad ; \quad \psi_y^2 = \left(\frac{\partial \psi}{\partial y} \right)^2$$

$$\phi_x^2 = \left(\frac{\partial \phi}{\partial x} \right)^2 \quad ; \quad \phi_y^2 = \left(\frac{\partial \phi}{\partial y} \right)^2$$

A continuación se presenta el desarrollo para obtener la ecuación diferencial que gobierna el fenómeno bajo estudio en términos del potencial de velocidad substituyendo las expresiones (3.9) en (3.8), utilizando la notación presentada, se llega a lo siguiente:

$$\frac{\partial}{\partial x}\left(\rho\phi_x\right) + \frac{\partial}{\partial y}\left(\rho\phi_y\right) = \frac{\partial\rho}{\partial t} \tag{3.10}$$

Desarrollando la diferencial en (3.10) se tiene el siguiente resultado:

$$\rho\left(\phi_{xx} + \phi_{yy}\right) + \phi_x\frac{\partial\rho}{\partial x} + \phi_y\frac{\partial\rho}{\partial y} = \frac{\partial\rho}{\partial t} \tag{3.11}$$

Otra manera de describir la consrevación del momentum que nos sirve para desarrollar el modelo es la siguiente:

$$\rho\,v = \left(\rho + d\,\rho\right)\left(v - d\,v\right) \tag{3.12}$$

Arreglando términos se llega a la siguiente expresión:

$$\frac{d\,\rho}{\rho} = \frac{d\,v}{v} \tag{3.13}$$

Si convenientemente definimos que $v = c$, donde c es la velocidad del sonido queda así:

$$\frac{d\,\rho}{\rho} = \frac{d\,v}{c} \tag{3.14}$$

Sustituyendo (3.14) en (1.12), se tiene lo siguiente:

$$c^2 = \left|\frac{d\,\hat{H}_R}{d\,\rho}\right| \tag{3.15}$$

En (3.15) se toma el valor absoluto pues el signo sólo muestra el sentido. La ecuación (1.12) en forma vectorial queda de la siguiente manera:

$$d\hat{H}_R = -\rho d\left(\frac{v^2}{2}\right) = -\rho d\left(\frac{u^2 + v^2}{2}\right)$$
$$= -\rho d\left(\frac{\phi_x^2 + \phi_y^2}{2}\right) \tag{3.16}$$

Substituyendo (3.16) en (3.15) se tiene lo siguiente:

$$d\rho = \frac{d\hat{H}_R}{c^2} = -\frac{\rho}{c^2} d\left(\frac{\phi_x^2 + \phi_y^2}{2}\right) \tag{3.17}$$

Diferenciando (3.17) con respecto a x y a y, se presentan las siguientes expresiones:

$$\frac{\partial \rho}{\partial x} = -\frac{\rho}{c^2}\left(\phi_x \phi_{xx} + \phi_y \phi_{yx}\right) \tag{3.18}$$

$$\frac{\partial \rho}{\partial y} = -\frac{\rho}{c^2}\left(\phi_x \phi_{xy} + \phi_y \phi_{yy}\right) \tag{3.19}$$

Sustituyendo (3.18) y (3.19) en (3.11) y arreglando términos se obtiene:

$$\left(1 - \frac{\phi_x^2}{c^2}\right)\phi_{xx} + \left(1 - \frac{\phi_y^2}{c^2}\right)\phi_{yy} - 2\frac{\phi_x \phi_y}{c^2}\phi_{xy} = \frac{\partial \rho}{\partial t} \tag{3.20}$$

Se puede ver que el único término que está en función del tiempo es el de la derecha en (3.20), podemos entonces definir el término mencionado como la siguiente función:

$$\frac{\partial \rho}{\partial t} = G(x, y, t)$$

Multiplicando por $-c^2$, se obtiene finalmente:

$$\left(\phi_x^2 - c^2 \right) \phi_{xx} + \left(\phi_y^2 - c^2 \right) \phi_{yy} + 2\phi_x \phi_y \phi_{xy} = G \qquad (3.21a)$$

Esta última expresión es la ecuación general que gobierna el comportamiento de un gas en términos del potencial de velocidad. Por comodidad en el análisis, consideraremos estado estable en el resto de las secciones de este texto, excepto en la sección 4.6 correspondiente a la formulación para gas real. Por lo que $G(x, y, t) = 0$ y la ecuación (3.21a) la reescribiremos como se muestra a continuación:

$$\left(\phi_x^2 - c^2 \right) \phi_{xx} + \left(\phi_y^2 - c^2 \right) \phi_{yy} + 2\phi_x \phi_y \phi_{xy} = 0 \qquad (3.21b)$$

La variación de c en función del potencial de velocidad queda representado de la siguiente manera:

$$c^2 = c_0^2 - \frac{k-1}{2}\left(u^2 + v^2 \right)$$

$$= c_0^2 - \frac{k-1}{2}\left(\phi_x^2 + \phi_y^2 \right) \qquad (3.22)$$

Donde k es la relación entre calores específicos C_p / C_v. Esta última ecuación es de enorme utilidad, ya que para la solución de (3.21b) por métodos numéricos es muy conveniente utilizar un procedimiento iterativo y esta última ecuación (3.22) se emplea para determinar la velocidad del sonido, misma que es utilizada en (3.21b), en cada una de las iteraciones.

Las condiciones frontera típicas para los problemas gobernados por las ecuaciones (3.21b) y (3.22) son las de Neumann y Dirichlet. Estas se expresan, respectivamente, de la siguiente manera:

$$\nabla \phi \bullet n = f(x, y) \quad \text{en} \quad \Gamma_1$$

$$\phi = g(x, y) \qquad \text{en} \quad \Gamma_2 \tag{3.23}$$

El desarrollo en términos de la función de corriente es muy similar al expuesto anteriormente para el potencial de velocidad y procede de la siguiente manera:

Para iniciar con el siguiente procedimiento conviene recordar que las componentes del vector velocidad se definen en términos de la función de corriente a través de las siguientes relaciones:

$$u = \frac{\rho_0}{\rho} \psi_y \quad ; \mathsf{v} = -\frac{\rho_0}{\rho} \psi_x \tag{3.24}$$

La magnitud del vector velocidad en cualquier punto está dado en términos de la función de corriente por la siguiente expresión [Shapiro(1976)]:

$$v^2 = u^2 + \mathsf{v}^2 = \left(\frac{1}{\rho}\right)^2 \left(\psi_x^2 + \psi_y^2\right) \tag{3.25}$$

La condición de irrotacionalidad en términos de la función de corriente, suponiendo que se tiene un flujo uniforme, se expresa de la siguiente manera:

$$\overline{\nabla} \quad \overline{v} = \overline{0} \tag{3.26}$$

$$\frac{\partial v}{\partial x} - \frac{\partial u}{\partial y} = 0 \qquad (3.27)$$

$$\frac{\partial v}{\partial x} = \frac{\partial u}{\partial y} \qquad (3.28)$$

Sustituyendo (3.26), (3.27) y (3.28) en (3.24), se tiene lo que sigue:

$$\frac{\partial}{\partial y}\left(\frac{1}{\rho}\psi_y\right) = \frac{\partial}{\partial x}\left(-\frac{1}{\rho}\psi_x\right) \qquad (3.29)$$

Diferenciando (3.29) y acomodando términos:

$$\rho\left(\psi_{xx} + \psi_{yy}\right) = \psi_x \frac{\partial \rho}{\partial x} + \psi_y \frac{\partial \rho}{\partial y} \qquad (3.30)$$

A partir de (3.16) se obtiene el siguiente resultado:

$$-\frac{1}{\rho}dH_R = d\left(\frac{v^2}{2}\right) \qquad (3.31)$$

Si se combina (3.31) con (3.17) la relación queda así:

$$dp = \frac{dH_R}{c^2} = -\frac{\rho}{2c^2}d\left(u^2 + v^2\right)$$

$$= -\frac{\rho}{2c^2}d\left[\left(\frac{1}{\rho}\right)^2\left(\psi_x^2 + \psi_y^2\right)\right] \qquad (3.32)$$

Diferenciando el término de la extrema derecha, se tiene:

$$d\rho = -\frac{\rho}{c^2}\left\{\left(\frac{1}{\rho}\right)^2\left(\psi_x d\psi_x + \psi_y d\psi_y\right) - \left[\left(\frac{1}{\rho}\right)^2\left(\psi_x^2 + \psi_y^2\right)\right]\left(\frac{d\rho}{\rho}\right)\right\}$$

(3.33)

A partir de (3.33) se pueden determinar las derivadas parciales ρ_x y ρ_y :

$$\left(\frac{1}{\rho}\right)\rho_x = -\frac{\left(\psi_x\psi_{xx} + \psi_y\psi_{xy}\right)}{\left(\rho^2 c^2 - \psi_x^2 - \psi_y^2\right)}$$

(3.34)

$$\left(\frac{1}{\rho}\right)\rho_y = -\frac{\left(\psi_x\psi_{xy} + \psi_y\psi_{yy}\right)}{\left(\rho^2 c^2 - \psi_x^2 - \psi_y^2\right)}$$

(3.35)

Si estas derivadas parciales se sustituyen en (3.26), se tiene:

$$\left[1 - \left(\frac{1}{\rho}\right)^2\frac{\psi_y^2}{c^2}\right]\psi_{xx} + \left[1 - \left(\frac{1}{\rho}\right)^2\frac{\psi_x^2}{c^2}\right]\psi_{yy} + 2\left(\frac{1}{\rho}\right)^2\frac{\psi_x\psi_y}{c^2}\psi_{xy} = 0$$

(3.36)

La ecuación de la velocidad del sonido en términos de la función de corriente está dada por la siguiente expresión:

$$c^2 = c_0^2 - \frac{k-1}{2}\left(\frac{1}{\rho}\right)^2\left(\psi_x^2 + \psi_y^2\right)$$

(3.37)

Ahora para continuar con el desarrollo es necesario definir el número Mach:

$$M = \frac{v}{c}$$

(3.38)

La relación entre el número Mach y la densidad se define así:

$$\frac{\rho_0}{\rho} = \left(1 + \frac{k-1}{2} M^2 \right)^{\frac{1}{k-1}} \qquad (3.39)$$

Sustituyendo (3.25) y (3.36) en (3.37) se obtiene la expresión que permite relacionar la función de corriente en términos del cociente ρ_0 / ρ:

$$\frac{\rho_0}{\rho} = \left[1 + \frac{k-1}{2} \left(\frac{1}{\rho^2} \right) \left(\frac{\psi_x^2 + \psi_y^2}{c^2} \right) \right]^{\frac{1}{k-1}} \qquad (3.40)$$

Multiplicando (3.36) por $\rho^2 c^2$ se obtiene:

$$\left[\rho^2 c^2 - \psi_y^2 \right] \psi_{xx} + \left[\rho^2 c^2 - \psi_x^2 \right] \psi_{yy} + 2\psi_x \psi_y \psi_{xy} = 0 \qquad (3.41)$$

Esta última es la ecuación general que rige el comportamiento de un gas en términos de la función de corriente.

Similar a la formulación para el potencial de velocidad, las condiciones frontera para (3.41) son:

$$\psi = g(x, y) \qquad \text{en} \quad \Gamma_1$$

$$\nabla \psi \bullet \bar{n} = f(x, y) \quad \text{en} \quad \Gamma_2 \qquad (3.42)$$

3.4   Técnicas para Resolver Problemas de Flujo Compresible

Las técnicas para resolver problemas de flujo compresible son principalmente numéricas. Sin embargo en algunos casos se pueden obtener resultados con la integración de sistemas de ecuaciones diferenciales en una forma analítica. Abordaremos brevemente la técnica de Diferencias Finitas para posteriormente presentar el Método de Elementos Finitos, técnica utilizada en el presente texto para resolver problemas de flujo compresible.

Diferencias Finitas

El método más común para la resolución de problemas de flujos en general, fue el de Diferencias Finitas, el cual reemplaza las ecuaciones diferenciales originales que modelan el problema por un conjunto de ecuaciones algebraicas. El análisis consiste en discretizar el área con una malla de nodos. En cada nodo se aproxima la derivada correspondiente dentro de la ecuación diferencial por medio de una ecuación algebraica de modo que se obtiene un sistema de ecuaciones algebraicas, el cual se resuelve para las variables dependientes en cada nodo. A continuación se presenta el desarrollo de diferencias finitas para la ecuación de flujo potencial en dos dimensiones en estado estable. Para el lector que desee más detalle del tema, se sugiere consulte la literatura correspondiente.

La ecuación de Laplace en términos del potencial de velocidad se representa de la siguiente manera:

$$\frac{\partial^2 \phi}{\partial x^2} + \frac{\partial^2 \phi}{\partial y^2} = 0 \tag{3.43}$$

Sujeto a un valor conocido de ϕ en una porción del contorno que delimita al dominio y a un valor conocido de ϕ_x y ϕ_y en la parte restante de la frontera donde el flujo es uniforme.

La técnica de Diferencias Finitas divide la región comprendida por el fluido en una malla de nodos, que pueden ser equidistantes como se muestra en la figura 3.2

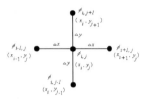

Figura 3.2   Representación de malla en diferencias finitas

Las distancias horizontales y verticales entre cada nodo son, respectivamente, Δx y Δy. Los subíndices i, j denotan la posición del nodo.

$$\phi_{i,j} = \phi\left(x_i, y_j\right) \tag{3.44}$$

Una aproximación algebraica para la derivada de la función con respecto a x conocida como diferencias hacia adelante, tiene la siguiente forma:

$$\left.\frac{\partial \phi}{\partial x}\right|_{xi,yj} \approx \frac{\phi\left(x + \Delta x, y\right) - \phi\left(x, y\right)}{\Delta x} \tag{3.45}$$

De una forma más compacta queda así:

$$\left.\frac{\partial \phi}{\partial x}\right|_{xi,yj} \equiv \phi_{xi,j} \approx \frac{1}{\Delta x}\left(\phi_{i+1,j} - \phi_{i,j}\right) \tag{3.46}$$

Una aproximación similar, pero ahora para la segunda derivada, es la siguiente:

$$\left.\frac{\partial^2 \phi}{\partial x^2}\right|_{xi,yj} \equiv \phi_{xxi,j} \approx \frac{1}{\Delta x^2}\left(\phi_{i+1,j} - 2\phi_{i,j} + \phi_{i-1,j}\right)$$

$$(3.47)$$

Mediante un procedimiento similar se llega a las relaciones con respecto a y:

$$\left.\frac{\partial \phi}{\partial y}\right|_{xi,yj} \equiv \phi_{yi,j} \approx \frac{1}{\Delta y}\left(\phi_{i,j+1} - \phi_{i,j}\right) \qquad (3.48)$$

y también:

$$\left.\frac{\partial^2 \phi}{\partial y^2}\right|_{xi,yj} \equiv \phi_{yyi,j} \approx \frac{1}{\Delta y^2}\left(\phi_{i,j+1} - 2\phi_{i,j} + \phi_{i,j-1}\right) \qquad (3.49)$$

Las fórmulas de Diferencias Finitas anteriores proporcionan un valor exacto en el límite cuando $\Delta x \rightarrow 0$ y $\Delta y \rightarrow 0$, simultáneamente. Sin embargo en el análisis numérico se mantienen finitos los tamaños de Δx y Δy. Justamente de ahí el nombre de Diferencias Finitas.

La figura 3.3 es una típica malla para Diferencias Finitas que representa la sección inferior de una expansión de 45°. Sustituyendo las ecuaciones (3.47) y (3.49) en la ecuación de Laplace (3.43) se obtiene lo siguiente:

$$2(1+\beta)\phi_{i,j} \approx \phi_{i,j+1} + \phi_{i+1,j} + \beta\left(\phi_{i,j-1} + \phi_{i-1,j}\right) \qquad (3.50)$$

Donde:

$$\beta = \left(\frac{\Delta x}{\Delta y}\right)^2 \qquad (3.51)$$

El factor β depende del tamaño de malla seleccionado, el valor más usual es una malla $\beta = 1$, cuadrada, para lo cual la ecuación (3.50) se reduce a la siguiente expresión :

$$\phi_{i,j} = \frac{1}{4}\left(\phi_{i,j+1} + \phi_{i,j-1} + \phi_{i+1,j} + \phi_{i-1,j}\right) \tag{3.52}$$

Por lo que cada valor nodal será igual al promedio aritmético del valor de sus cuatro vecinos inmediatos. Las velocidades horizontal y vertical se obtiene con las ecuaciones (3.46) y (3.48), respectivamente.

El empleo de este método en la solución aproximada de problemas complejos en la mecánica de fluidos en general, ya tiene más de cincuenta años. Este método presenta deficiencias (y se diferencía del Método de Elementos Finitos) cuando se presentan situaciones como: geometrías y, o condiciones de frontera complejas.

Figura 3.3   Malla de diferencias para expansión de 45 grados

Figura 3.4   Malla de diferencias Finitas para una geometría irregular

La figura 3.4 muestra una geometría irregular discretizada por una malla de Diferencias Finitas. La línea continua representa la frontera irregular. Se puede ver que es prácticamente imposible situar exactamente los nodos en dicha frontera. Para solucionar este problema, se tienen que involucrar operaciones adicionales para interpolar los valores de los parámetros aledaños y obtener el valor de los parámetros en la posición exacta de la frontera. Esto último, lógicamente, trae como consecuencia error adicional en la solución aproximada. Sumada a estas deficiencias del método se tiene otra más: La condición frontera típica para problemas de fluidos conciste en la derivada normal, justo en la frontera:

$$\frac{\partial \phi}{\partial n} = f(x, y) \quad \text{en} \quad \Gamma$$

Para resolver este último detalle, es necesario recurrir, una vez más, a algunas operaciones de interpolación que, como ya se mencionó, involucran error adicional a la solución aproximada.

3.5   El Método de Elementos Finitos (MEF)

El Método de Elementos Finitos es una técnica numérica para obtener soluciones aproximadas a ecuaciones que describen el comportamiento de fenómenos físicos sujetos a influencias externas.

Existen diferentes alternativas para formular las ecuaciones del MEF a partir de la ecuación original y sus condiciones frontera:

°   Método Directo: Una función aproximación se sustituye directamente   en la ecuación diferencial original para obtener las ecuaciones algebraicas.

°   Método Variacional: Una función aproximación se sustituye en el funcional asociado a la ecuación diferencial para poder ser tratado como función y no como funcional. La función es extremizada, ya que dicho funcional está relacionado con principios de energía, para obtener las ecuaciones algebraicas.

°   Método de Residuos Pesados o Ponderados: La diferencia entre la ecuación diferencial original evaluada para la función solución exacta y la ecuación diferencial evaluada para una función aproximación, se conoce como residuo. El promedio ponderado de este residuo en todo el dominio se hace cero.

3.6   El Método Variacional

Este método posee algunas ventajas sobre los demás, algunas de ellas son:

°   El funcional posee un claro significado físico: la entropía del sistema.

°   El funcional está formado por derivadas de la función solución de menor orden, comparadas con las de la ecuación diferencial asociada, esto aumenta la cantidad de funciones de forma que pueden utilizarse.

°   La formulación variacional permite trabajar como condición de frontera natural, condiciones de frontera complicadas.

Entre los métodos variacionales están: Ritz, Kantrovich y Trefftz, entre otros. El Método Ritz es una técnica práctica para obtener una solución numérica aproximada directamente a partir de la formulación variacional.

El siguiente desarrollo está basado en el presentado por Brunett (1988).

Se busca hacer estacionario el funcional, es decir, obtener un extremo máximo o mínimo de éste. Para ésto, según el cálculo variacional, es preciso aplicar la primera variación a dicho funcional, lo cual se representa de la siguiente forma:

$$\delta I(\phi) = 0 \qquad (3.53)$$

Substituyendo en (3.53) una función aproximación $\widetilde{\phi}$, el funcional se convierte en una integral de parámetros, ya que la integral con respecto a x y a y puede ser evaluada con ayuda de los valores específicos $\overline{\phi}$. Esto transforma el problema del universo del cálculo variacional (donde las variables independientes son funciones), al universo del cálculo integral (donde las variables independientes son parámetros), esto queda expresado de la siguiente manera:

$$I\left[\widetilde{\phi}\left(x;y;\phi\right)\right] = I\left(\phi\right) \tag{3.54}$$

Donde $\overline{\phi}$, son parámetros de la función aproximación $\widetilde{\phi}$. Ahora la integral de la función la podemos hacer estacionaria aplicando las reglas del cálculo integral, igualando a cero la derivada de la función, como se expresa a continuación:

$$dI = 0 \tag{3.55}$$

$$dI = \frac{\partial I}{\partial \phi_1}\, d\phi_1 + \frac{\partial I}{\partial \phi_2}\, d\phi_2 \ldots\ldots + \frac{\partial I}{\partial \phi_m}\, d\phi_m = 0 \tag{3.56}$$

Donde m es el número total de puntos discretos en el dominio. Debido a que cada parámetro puede variar independientemente de los demás para que se cumpla (3.56), es necesario que cada coeficiente por separado valga cero. Esto se puede expresar de la siguiente manera:

$$\frac{\partial I}{\partial \phi_1} = 0; \quad \frac{\partial I}{\partial \phi_2} = 0 \; ;\ldots\ldots \frac{\partial I}{\partial \phi_m} = 0 \tag{3.57}$$

Las expresiones en (3.57) constituyen el sistema de ecuaciones algebraicas a resolver.

3.7 MEF para Flujo Compresible; Estado del Arte

Hay varios modelos en MEF para flujo compresible, a continuación se presentan algunos:

Modelo de Leonard

Las ecuaciones que gobiernan el flujo compresible no viscoso, en estado estable e isotrópico, son linealizadas [de Vries et al (1970)]. Considerando que el flujo total consiste en un campo de flujo conocido más una perturbación impuesta, las ecuaciones resultantes son expresadas en forma matricial de la siguiente manera:

$$\sum_{n=1}^{3} [P_n] \left(\frac{\partial \{v\}}{\partial x_n} \right) + [\Phi]\{v\} = \{0\} \tag{3.58}$$

Donde $[\Phi]$ y $[P_n]$ son matrices de parámetros del flujo principal y v es el vector que se expresa de la siguiente manera:

$$\{v\} = \begin{Bmatrix} u \\ v \\ w \\ \rho \end{Bmatrix} \tag{3.59}$$

Donde las variables anteriores se definen de la siguiente manera:

$$u = \frac{u'}{c_1} \quad v = \frac{v'}{c_1} \quad w = \frac{w'}{c_1} \quad \rho = \frac{\rho'}{\rho_1} \tag{3.60}$$

Donde u', v' y ω' son las componentes de la velocidad de perturbación, cualquiera que ésta sea. ρ' es la densidad de perturbación. c_1 y ρ_1 son la velocidad local del sonido y la densidad, respectivamente del flujo principal.

La representación en Elementos Finitos para v se substituye en (3.58) para obtener el residuo R en el lado derecho, en lugar de ceros. El sistema matricial de ecuaciones es obtenido utilizando la siguiente expresión del Método de Residuos Pesados:

$$\int_{\Omega} W_{ip} R_i \, d\Omega = 0$$

(3.61)

$$p = 1,........n; \quad i = 1,......M$$

Modelo de Gelder

Este modelo está basado en la suposición de flujo compresible subsónico, bidimensional, isotrópico e irrotacional [de Vries et al (1970)] donde se debe cumplir la siguiente expresión:

$$\nabla \bullet (g \nabla v) = 0 \quad \text{en} \quad \Omega$$

(3.62)

Con condiciones frontera de Dirichlet, donde g, es una función de la posición y de $\nabla v \bullet \nabla v$

El siguiente funcional debe ser minimizado:

$$I = \int_{\Omega} \left(\int_0^{\nabla v \bullet \nabla v} g \left(d \nabla v \bullet \nabla v \right) \right) dx dy$$

(3.63)

La densidad, al igual que (3.39), puede ser expresada de la siguiente forma:

$$\frac{\rho}{\rho_0} = \left(1 - \frac{k-1}{2c_0^2} \nabla \phi \bullet \nabla \phi \right)^{\frac{1}{k-1}}$$

(3.64)

Modelo de de Vries, Berard, Norrie

Las consideraciones son: flujo compresible no viscoso, bidimencional, isotrópico e irrotacional en estado estable [de Vries et al (1970)]. Donde la ecuación diferencial parcial no lineal que rige el comportamiento es:

$$\left(\phi_x^2 - c^2 \right) \phi_{xx} + 2\phi_x \phi_y \phi_{xy} + \left(\phi_y^2 - c^2 \right) \phi_{yy} = 0 \qquad (3.65)$$

Donde la velocidad del sonido de referencia se expresa de la siguiente manera:

$$c^2 = A + B\left(\phi_x^2 + \phi_y^2 \right) \qquad (3.66)$$

Las componentes A y B se definen de la siguiente forma:

$$A = c_\infty^2 + \frac{k-1}{2} v_\infty^2; \quad B = \frac{1-k}{2} \qquad (3.67)$$

Las condiciones frontera son, primero, la de Dirichlet:

$$\phi = g \qquad \text{en } \Gamma_2 \qquad (3.68)$$

y la de Cauchy, que se expresa de la siguiente manera:

$$\frac{d\phi}{dn} + \Phi + \alpha\phi = 0 \quad \text{en } \Gamma_1 \qquad (3.69)$$

La solución a la ecuación de campo sujeta a las condiciones frontera anteriores, es aquella función σ que hace estacionario el siguiente funcional:

$$I(\sigma) = \int_{\Omega} \left[\frac{1}{12c^2} \left(\sigma_x^4 + \sigma_y^4 \right) - \frac{1}{2} \left(\sigma_x^2 + \sigma_y^2 \right) + \frac{\varphi}{c^2} \sigma_x \sigma_y \right] d\Omega$$

$$- \int_{D2} \left(\theta\sigma + \Phi\sigma + \frac{1}{2} \alpha\sigma^2 \right) dD2$$

(3.70)

Mediante un método de Ritz iterativo, en donde para cada iteración las funciones c, φ, θ y Φ son incorporadas como funciones de posición conocidas, las cuales se determinan con la solución ϕ de la iteración anterior y las siguientes expresiones:

$$\varphi = \phi_x \phi_y$$

(3.71)

$$\theta = \frac{1}{3c^2} \left(\phi_x^3 n_x + \phi_y^3 n_y \right) + \frac{\varphi}{c^2} \left(\phi_x n_y + \phi_y n_x \right)$$

Donde n_x y n_y son los componentes de la normal a la frontera.

3.8   Conclusiones

En el presente capítulo se desarrolló la metodología para obtener las ecuaciones que describen el comportamiento del flujo compresible, una vez que se determinó que el gas sigue este comportamiento en su proceso expansivo o compresivo. Se hizo un repaso del estado de arte de este fenómeno físico, para presentar las bases de las herramientas que se utilizarán en el capítulo siguiente para resolver problemas de gas real.

4   FORMULACIÓN DE ECUACIONES PARA EL MEF

4.1   Introducción

En este capítulo se mostrará el procedimiento del MEF para obtener la matriz de rigidez y el vector fuerza, es decir, el sistema de ecuaciones algebraicas correspondientes cuya solución proporciona los valores aproximados del potencial de velocidad en los nodos. Este procedimiento se basa en aplicar el método Ritz.

Es importante comentar que el valor del potencial de velocidad por sí solo, no es suficiente para realizar el análisis que queremos, es necesario también las derivadas parciales de esta función con respecto a x y a y. para obtener los perfiles de velocidad, presión y densidad.

4.2   Formulación para Flujo Compresible

Como se vió en el capítulo 3 hay distintas formas (modelos) para la formulación de este tipo de problemas. Además el problema puede ser formulado utilizando el potencial de velocidad o la función de corriente. La formulación en términos de ψ, tiene el tipo de condiciones frontera ψ = cte. Para todo tipo de fronteras sólidas, sin embargo el valor de esa constante es desconocido. Para solucionar ese tipo de problemas de Vries et al (1971) desarrollaron un procedimiento de flujo incompresible basado en una técnica de superposición. Donde para la frontera Γ_1 : ψ = g , g es una función conocida. El siguiente paso es representar la solución completa como la suma de dos partes como se expresa en seguida:

$$\psi(x, y) = \psi_1(x, y) + b\,\psi_2(x, y)$$ (4.1)

Donde b es una constante a determinar. De esta manera el problema se modifica a resolver dos problemas por separado expresados como sigue:

$$\nabla^2\psi_1 = 0 \quad \text{en} \quad \Omega$$

$$\psi_1 = g(x, y) \quad \text{en} \quad \Gamma_1$$ (4.2)

$$\psi_1 = 0 \quad \text{en} \quad \Gamma_2$$

$$\nabla^2\psi_2 = 0 \quad \text{en} \quad \Omega$$

$$\psi_2 = 0 \quad \text{en} \quad \Gamma_1$$ (4.3)

$$\psi_2 = 1 \quad \text{en} \quad \Gamma_2$$

Los sistemas de ecuaciones (4.2) y (4.3) se pueden resolver por algún procedimiento del MEF. Una vez obtenidas $\psi_1(x, y)$ y $\psi_2(x, y)$ se obtiene b de la ecuación (4.1) evaluando $\psi(x, y)$ en algún punto de Ω cerca de la frontera Γ_1 donde $\psi(x, y)$ es conocida. Esto resulta en una ecuación a resolver para b y así completar el procedimiento de solución.

Para el caso de la formulación en términos de ϕ no es necesario aplicar lo anteriormente expuesto tanto para flujo incompresible como para flujo compresible. Cuando se utiliza la formulación en términos del potencial de velocidad, algunas condiciones de frontera son del tipo Neumann, como se muestra en la figura 4.1, para fronteras sólidas o fronteras donde la perturbación (cualquiera que ésta sea), no surta efecto. Este tipo de condiciones de frontera se pueden expresar de la siguiente manera:

$$\frac{\partial \phi}{\partial n} = 0 \tag{4.4}$$

Las condiciones de frontera para entradas o salidas son del siguiente tipo:

$$\frac{\partial \phi}{\partial n} = U_\infty \tag{4.5}$$

Donde U_∞ , es la velocidad de flujo sin perturbaciones

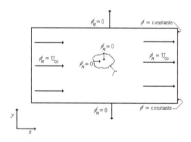

Figura 4.1:   Condiciones de frontera usuales para ϕ.

El funcional asociado con este problema tiene incorporadas estas condiciones de frontera naturales en la integral de línea, sin embargo la solución de este funcional en función de las condiciones frontera de Neumann carece de unicidad [Huebner (1982)], lo que lleva a que cuando se discretiza el dominio y se formulan y ensamblan las ecuaciones, la matriz [K] sea singular. Para vencer este obstáculo, se seleccionan uno, o algunos nodos y se le asigna un valor a ϕ en ellos, es decir, se está imponiendo una condición de frontera Dirichlet en el nodo (ver figura 4.2 b), lo cual se puede expresar de la siguiente manera:

$$\phi = \text{constante} \tag{4.6}$$

La interpretación física de esta última condición de frontera es que en esa región del dominio, el vector velocidad es perpendicular al área transversal del flujo. Esto se logra en regiones alejadas a las perturbaciones cualesquiera que sean, como se muestra en la figura 4.1

4.3   Descripción del Problema

En esta sección se analizará flujo compresible, en dos dimensiones, irrotacional, no viscoso e isotrópico.

Como ya se ha mencionado aquí, la ecuación que rige el comportamiento del fluido es una ecuación diferencial parcial no lineal en dos dimensiones. El procedimiento de solución conciste en dicretizar la región en elmentos y formular las ecuaciones correspondientes.

Hay varias técnicas iterativas de linearización para resolver sistemas no lineales entre otras están: la iteración de Newton-Raphson y la iteración de Poisson.

Una de las formas más comunes de tratar el efecto de compresibilidad de los fluidos, que representa, precisamente la no linealidad del sistema, es utilizando un algoritmo de linearización iterativa del tipo Picard. Los términos no lineales de la ecuación se pasan al lado derecho de la igualdad y se evalúan utilizando una solución previa (de la iteración anterior) de manera similar a una función forzante. Este método fue usado por Rayleigh en 1916 para el análisis de flujo compresible utilizando técnicas de variable compleja [Oden(1986)].

Partiendo de la ecuación (3.21b) y desarrollándola, se tiene lo siguiente:

$$\phi_x^2 \phi_{xx} - c^2 \phi_{xx} + \phi_y^2 \phi_{yy} - c^2 \phi_{yy} + 2\phi_x \phi_y \phi_{xy} = 0 \qquad (4.7)$$

Agrupando los términos no lineales en un lado de la igualdad se obtiene lo siguiente:

$$\phi_{xx} + \phi_{yy} = \frac{1}{c^2}\left(\phi_x^2 \phi_{xx} + \phi_y^2 \phi_{yy} + 2\phi_x \phi_y \phi_{xy}\right) \qquad (4.8)$$

Observando el término de la derecha en (4.8) y sustituyendo la función ϕ por ϕ^n, es decir, la función en la iteración n previa a la iteración $n + 1$, podemos escribir la ecuación anterior de la siguiente manera:

$$\nabla^2 \phi^{(n+1)} = F\left(\phi^n\right) \qquad (4.9)$$

Que es la ecuación de Poisson, siempre y cuando se utilice en forma iterativa.

4.4   El Funcional Asociado

El funcional asociado al problema [Huebner (1982)] y que en forma iterativa, como se vió en la sección previa, es equivalente a la ecuación de campo (4.9), también en forma iterativa y sus respectivas condiciones de frontera (3.23), se expresa a continuación:

$$\left(\phi^{n+1}\right) = \frac{1}{2}\int_\Omega \left[\nabla\phi^{n+1} \bullet \nabla\phi^{n+1} - 2F_1\left(\phi^n\right)\left(\phi^{n+1}\right)\right] d\Omega + \int_{\Gamma 1} f\phi^{n+1}\Gamma_1$$

$$(4.10)$$

Donde $\Gamma_1 \subset \Omega$ y $n + 1$ es la iteración inmediata posterior a la iteración n

Nótese que el segundo término de la derecha involucra la siguiente condición de frontera, donde el signo negativo representa solamente el sentido del flujo:

$$f = \frac{\partial \phi}{\partial n} = -U_{\infty} \quad \text{en} \quad \Gamma_1 \qquad (4.11)$$

La expresión (4.11) se utiliza para entradas o salidas. La interpretación física es que un flujo atraviesa esa región, cuando ésta, está lo suficientemente alejada de la perturbación. Se puede concluir que dicho flujo, en esa región está compuesto por vectores de velocidad perpendiculares al plano de entrada o salida, según sea el caso. Es decir, no hay componentes verticales de la velocidad.para esa región. Ver figura 4.1. Para fronteras sólidas se utiliza la ecuación (4.4).

La otra condición de frontera que utilizaremos es la ya mencionada Dirichlet:

$$\phi = g(x, y) = \text{constante} \quad \text{en} \quad \Gamma_2 \qquad (4.12)$$

Esta última condición de frontera se puede interpretar como que en esta parte del dominio, el cambio de ϕ a lo largo del contorno Γ es igual a cero. Esto se muestra a continuación:

$$\frac{\partial \phi}{\partial S} = 0 \quad \therefore \quad \phi = \text{constante en} \quad \Gamma_2$$

Donde S es la superficie a lo largo del contorno Γ. Esto implica que el vector velocidad es perpendicular al área transversal, como se había mencionado ya.

Sólo para ejemplificar las condiciones de frontera anteriores, se toma como dominio una expansión en coordenadas rectangulares en dos dimensiones, en figura 4.2.

La frontera Γ_2 cumple con la condición Dirichlet únicamente cuando esa región está lo suficientemente alejada de la perturbación, para que ésta última no surta efecto sobre el flujo.

Cabe aclarar que la designación de fronteras Γ_1 y Γ_2 es indistinta, es según el sentido. Es decir, si el flujo es de izquierda a derecha, las fronteras son como las mostradas en figura 4.2, pero si el flujo es en sentido contrario, se invierten los subíndices en Γ.

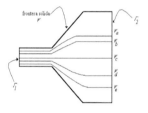

Figura 4.2 (a)   Representación de la función de corriente en una expansión

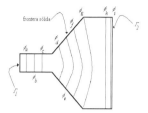

Figura 4.2 (b)   Representación del potencial de velocidad en una expansión.

Volviendo al desarrollo que culminó con la ecuación (4.9), la función $F_1(\phi'')$ se expresa de la siguiente manera [Huebner (1982)]:

$$F_1\left(\phi''\right) = \frac{1}{c^2}\left[\left(\frac{\partial\phi''}{\partial x}\right)^2\left(\frac{\partial^2\phi''}{\partial x^2}\right) + \left(\frac{\partial\phi''}{\partial y}\right)^2\left(\frac{\partial^2\phi''}{\partial y^2}\right) + 2\frac{\partial\phi''}{\partial x}\frac{\partial\phi''}{\partial y}\frac{\partial^2\phi''}{\partial xy}\right]$$

(4.13)

Donde la velocidad del sonido se expresa de la siguiente manera:

$$c^2 = c_0^2 - \frac{k_1 - 1}{2}\left[\left(\frac{\partial\phi''}{\partial x}\right)^2 + \left(\frac{\partial\phi''}{\partial y}\right)^2\right]$$

(4.14)

La expresión (4.14) es la ecuación (3.22) nada más que aquí queda expresada en términos de la iteración n, recordando que c_0 es la velocidad del sonido de referencia y k_1 es la relación de calores específicos.

En términos de la iteración $n + 1$, la ecuación (3.21b) reagrupada, es la ecuación de Poisson (4.9), lo cual quiere decir que al asignar un determinado valor a ϕ^n en la ecuación (4.13), se obtiene un determinado valor para $F_1(\phi^n)$ y por lo tanto esta última función termina dependiendo únicamente de x y de y. Esto último hace posible que el problema pueda ser tratado como uno lineal para cada iteración, es decir, la solución se obtiene por el desarrollo de un sistema lineal de ecuaciones.

Empezando con la división del problema por elementos, la contribución del funcional de un elemento "e" al funcional en el dominio Ω, es: $I^{(e)}$. Por lo tanto la suma de contribuciones se expresa de la siguiente manera:

$$I = \sum_{e=1}^{NE} I^{(e)} \tag{4.15}$$

Donde NE es el número de elementos en el dominio.

El funcional en el elemento se expresa así [Huebner (1982)]:

$$I^{(e)} = I\left(\phi^{(e)}\right) = \frac{1}{2} \int_{\Omega^{(r)}} \left[\left(\frac{\partial \phi^{(e)}}{\partial x} \right)^2 + \left(\frac{\partial \phi^{(e)}}{\partial y} \right)^2 - 2F_1^{(e)}\left(\phi^n\right)\phi^{(e)} \right] d\Omega^{(e)}$$

$$+ \int_{\Gamma_1^{(e)}} f^{(e)} \phi^{(e)} d\Gamma_1^{(e)} \tag{4.16}$$

El superíndice $n+1$ se excluyó con el fin de que se aprecie mejor (4.16).

El siguiente desarrollo que incluye las ecuaciones (4.17) a (4.52) y de (4.72) a (4.82) es un procedimiento estándar que presentan varios autores como Burnett (1988) u Oden (1986), con excepción de (4.28) y de (4.59) a (4.71), que es una aportación de este texto.

Buscando hacer estacionario el funcional, la primera variación del funcional se presenta en seguida:

$$\delta I(\phi) = 0$$

La suma de primeras variaciones por elemento queda:

$$\delta I = \sum_{e=1}^{NE} \delta I^{(e)} \tag{4.17}$$

Aplicando el Método Ritz (ver capítulo 3) y sustituyendo la función aproximación $\tilde{\phi}$ en el funcional por elemento, se tiene lo siguiente:

$$d I = \sum_{e=1}^{NE} d I^{(e)} \tag{4.18}$$

Buscando el extremo de la función por elemento se tiene lo siguiente:

$$d I^{(e)} = 0$$

$$d I^{(e)} = \frac{\partial I^{(e)}}{\partial \phi_1} d\phi_1 + \frac{\partial I^{(e)}}{\partial \phi_2} d\phi_2 + \ldots\ldots \frac{\partial I^{(e)}}{\partial \phi_r} d\phi_r = 0 \tag{4.19}$$

Donde r es el número de valores discretos (nodos) en el elemento e. Ya que cada parámetro varía independientemente de los demás, para que la derivada total de la función sea cero, es necesario que cada coeficiente por separado valga cero.

$$\frac{\partial I^{(e)}}{\partial \phi_i} = 0 \quad i = 1\ldots\ldots r \tag{4.20}$$

Introduciendo las funciones de forma, se obtiene lo siguiente:

$$\widetilde{\phi}^{(e)}\left(x,y\right)=\sum_{j=1}^{r}N_{j}^{(e)}\bar{\phi}_{j}^{(e)}=\left\lfloor N^{(e)}\right\rfloor\left\{\bar{\phi}^{(e)}\right\} \qquad (4.21)$$

Donde $\widetilde{\phi}^{(e)}$, $N_{j}^{(e)}$ y $\bar{\phi}_{j}^{(e)}$ son: la función aproximación por elemento, las funciones de forma en el elemento, y los parámetros a obtener por elemento, respectivamente. De la ecuación (4.19) se deducen las siguientes ecuaciones:

$$\frac{\partial\widetilde{\phi}^{(e)}}{\partial x}=\sum_{j=1}^{r}\frac{\partial N_{j}^{(e)}}{\partial x}\cdot\phi_{j}^{(e)}=\left\lfloor\frac{\partial N^{(e)}}{\partial x}\right\rfloor\left\{\bar{\phi}^{(e)}\right\} \qquad (4.22)$$

$$\frac{\partial\widetilde{\phi}}{\partial y}=\sum_{j=1}^{r}\frac{\partial N_{j}^{(e)}}{\partial y}\bar{\phi}_{j}^{(e)}=\left\lfloor\frac{\partial N^{(e)}}{\partial y}\right\rfloor\left\{\bar{\phi}^{(e)}\right\} \qquad (4.23)$$

Sustituyendo (4.20) en (4.16) para el nodo "i", se obtiene lo siguiente:

$$\frac{\partial I^{(e)}}{\partial\bar{\phi}_{i}}=\int_{\Omega^{(e)}}\left[\left(\frac{\partial\widetilde{\phi}^{(e)}}{\partial x}\right)\frac{\partial}{\partial\bar{\phi}_{i}}\left(\frac{\partial\widetilde{\phi}^{(e)}}{\partial x}\right)+\left(\frac{\partial\widetilde{\phi}^{(e)}}{\partial y}\right)\frac{\partial}{\partial\bar{\phi}_{i}}\left(\frac{\partial\phi^{(e)}}{\partial y}\right)-\bar{F}_{1}^{(e)}\left(\widetilde{\phi}^{n}\right)\frac{\partial\widetilde{\phi}^{(e)}}{\partial\bar{\phi}_{i}}\right]d\Omega^{(e)}$$

$$(4.24)$$

$$-\int_{\Gamma_{1}^{(e)}}\widetilde{\mathcal{F}}^{(e)}\frac{\partial\widetilde{\phi}^{(e)}}{\partial\bar{\phi}_{i}}\,d\Gamma_{1}^{(e)}=0$$

De las ecuaciones (4..21), (4.22) y (4.23) se obtienen las siguientes expresiones:

$$\frac{\partial}{\partial \phi_i} \left(\frac{\partial \widetilde{\phi}^{(e)}}{\partial x} \right) = \frac{\partial N_i^{(e)}}{\partial x} \qquad (4.25)$$

$$\frac{\partial}{\partial \phi_i} \left(\frac{\partial \widetilde{\phi}^{(e)}}{\partial y} \right) = \frac{\partial N_i^{(e)}}{\partial y} \qquad (4.26)$$

$$\frac{\partial \widetilde{\phi}^{(e)}}{\partial \phi_i} = N_i^{(e)} \qquad (4.27)$$

Además la función $\widetilde{F}_1^{(e)}$ [Villacorta (1995)] se trabaja igual que $\widetilde{\phi}^{(e)}$, por lo que se tiene lo siguiente:

$$\widetilde{F}_1^{(e)} = \sum_{j=1}^{r} N_j^{(e)} F_j^{(e)} = \left\lfloor N^{(e)} \right\rfloor \left\{ F^{(e)} \right\} \qquad (4.28)$$

Donde $\overline{F}_j^{(e)}$ son valores obtenidos al evaluar (4.13) en j puntos (x, y) determinados. Esto se consigue cuando se sustituye $\widetilde{\phi}^{(e)}$ en términos de $N^{(e)}$ utilizando los parámetros $\overline{\phi}^{\,n}$, estos parámetros son valores conocidos ya que pertenecen a la iteración previa. Para la función $\widetilde{f}^{(e)}$ se tiene algo similar:

$$\widetilde{f}^{(e)} = \sum_{j=1}^{nd} N_j^{d(e)} f_j^{(e)} = \left\lfloor N^{d(e)} \right\rfloor \left\{ f^{(e)} \right\} \qquad (4.29)$$

Donde $N^{d(e)}$ son las funciones de forma evaluadas con las caras del elemento, es decir, estas funciones son integradas sobre una línea y no sobre un área, nd es el número de nodos que hay en la cara del elemento. $f_j^{(e)}$ son los valores que se obtienen al evaluar la función en la frontera $\Gamma_1^{(e)}$, lo que se puede expresar, en el caso particular de problemas de fluidos, de la siguiente forma:

$$\bar{f}_j^{(e)} = -U_\infty \quad \text{de} \quad j = 1,\ldots\ldots nd \qquad (4.30)$$

La fuerza interna $\bar{F}^{(e)}$ se obtiene fácilmente gracias a que el procedimiento iterativo especifica que esta función será calculada con el valor de los parámetros de la iteración previa, es decir, es un valor ya conocido. La discretización se lleva a cabo sustituyendo (4.21), (4.22), (4.23), (4.25), (4.26), (4.27), (4.28) y (2.29) en (4.24) y se llega a la siguiente expresión:

$$\frac{\partial I^{(e)}}{\partial \bar{\phi}_i} = \int_{\Omega^{(e)}} \left\{ \left\lfloor \frac{\partial N^{(e)}}{\partial x} \right\rfloor \{\bar{\phi}^{(e)}\} \frac{\partial N_i^{(e)}}{\partial x} + \left\lfloor \frac{\partial N^{(e)}}{\partial y} \right\rfloor \{\bar{\phi}^{(e)}\} \frac{\partial N_i^{(e)}}{\partial y} - \left\lfloor N^{(e)} \right\rfloor \{\bar{F}^{(e)}\} N_i^{(e)} \right\} d\Omega^{(e)}$$

$$- \int_{\Gamma_1^{(e)}} \left\lfloor N^{d(e)} \right\rfloor \{\bar{f}^{(e)}\} N_i^{d(e)} d\Gamma_1^{(e)} = 0 \qquad (4.31)$$

La expresión (4.24) para los r nodos en el elemento, utilizando (4.31) queda así:

$$\left[\frac{\partial I^{(e)}}{\partial \bar{\phi}_i} \right] = \int_{\Omega^{(e)}} \left\{ \left\lfloor \frac{\partial N^{(e)}}{\partial x} \right\rfloor^T \left\lfloor \frac{\partial N^{(e)}}{\partial x} \right\rfloor \{\bar{\phi}^{(e)}\} + \left\lfloor \frac{\partial N^{(e)}}{\partial y} \right\rfloor^T \left\lfloor \frac{\partial N^{(e)}}{\partial y} \right\rfloor \{\bar{\phi}^{(e)}\} - \left\lfloor N^{(e)} \right\rfloor^T \left\lfloor N^{(e)} \right\rfloor \{F^{(e)}\} \right\} d\Omega^{(e)}$$

$$- \int_{\Gamma_1^{(e)}} \left\lfloor N^{d(e)} \right\rfloor^T \left\lfloor N^{d(e)} \right\rfloor \{\bar{f}^{(e)}\} d\Gamma_1^{(e)} = 0 \qquad i = 1,\ldots\ldots r \qquad (4.32)$$

En notación matricial se puede representar de la siguiente manera:

$$\left\lfloor k^{(e)} \right\rfloor \{\bar{\phi}^{(e)}\} = \left\{ R^{(e)} \right\} \quad \text{o bien} \quad \boldsymbol{K}^{(e)} \boldsymbol{\phi}^{(e)} = \boldsymbol{R}^{(e)} \qquad (4.33)$$

Donde las matrices se representan de la siguiente manera:

$$\left[k^{(e)}\right] = \int\limits_{\Omega^{(e)}} \left\{ \left\lfloor \frac{\partial N^{(e)}}{\partial x} \right\rfloor^T \left\lfloor \frac{\partial N^{(e)}}{\partial x} \right\rfloor + \left\lfloor \frac{\partial N^{(e)}}{\partial y} \right\rfloor^T \left\lfloor \frac{\partial N^{(e)}}{\partial y} \right\rfloor \right\} d\Omega^{(e)}$$

(4.34)

$$\left[R^{(e)}\right] = \int\limits_{\Omega^{(e)}} \left\lfloor N^{(e)} \right\rfloor^T \left\lfloor N^{(e)} \right\rfloor \left\{ F^{(e)} \right\} d\Omega^{(e)}$$

$$+ \int\limits_{\Gamma_1^{(e)}} \left\lfloor N^{d(e)} \right\rfloor^T \left\lfloor N^{d(e)} \right\rfloor \left\{ f^{(e)} \right\} d\Gamma_1^{(e)}$$

(4.35)

Los cálculos de (4.34) y (4.35) no son hechos directamente sobre el subdominio $\Omega^{(e)}$ sino sobre un espacio estándar $\hat{\Omega}^{(e)}$ perteneciente a una figura geométrica que puede ser un triángulo isósceles, para un elemento triangular y un rectángulo, para un elemento cuadrilátero, cuyas coordenadas ξ y η, son coordenadas locales exclusivas para dichas figuras. En la figura 4.3 se muestran las geometrías.

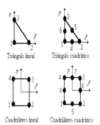

Figura 4.3:   Geometría de elementos: triangular y cuadrático

Las funciones de forma en términos de las coordenadas locales correspondientes se expresan a continuación:

Triángulo lineal

$$N_1(\xi,\eta) = 1 - \xi - \eta$$

$$N_2(\xi,\eta) = \xi \qquad (4.36)$$

$$N_3(\xi,\eta) = \eta$$

Triángulo cuadrático

$$N_1(\xi,\eta) = 2(1-\xi-\eta)\left(\frac{1}{2}-\xi-\eta\right)$$

$$N_2(\xi,\eta) = 2\,\xi\left(\xi-\frac{1}{2}\right)$$

$$N_3(\xi,\eta) = 2\eta\left(\eta-\frac{1}{2}\right)$$

(4.37)

$$N_4(\xi,\eta) = 4(1-\xi-\eta)\xi$$

$$N_5(\xi,\eta) = 4\xi\eta$$

$$N_6(\xi,\eta) = 4\eta(1-\xi-\eta)$$

Cuadrilátero lineal:

$$N_1(\xi,\eta) = \frac{1}{4}(1-\xi)(1-\eta)$$

$$N_2(\xi,\eta) = \frac{1}{4}(1+\xi)(1-\eta)$$

(4.38)

$$N_3(\xi,\eta) = \frac{1}{4}(1+\xi)(1+\eta)$$

$$N_4(\xi,\eta) = \frac{1}{4}(1-\xi)(1+\eta)$$

Cuadrilátero cuadrático (Serendipity):

$$N_1(\xi,\eta) = \frac{1}{4}(1-\xi)(1-\eta)(-\xi-\eta-1)$$

$$N_2(\xi,\eta) = \frac{1}{4}(1+\xi)(1-\eta)(\xi-\eta-1)$$

$$N_3(\xi,\eta) = \frac{1}{4}(1+\xi)(1+\eta)(\xi+\eta-1)$$

$$N_4(\xi,\eta) = \frac{1}{4}(1-\xi)(1+\eta)(-\xi+\eta-1)$$

$$N_5(\xi,\eta) = \frac{1}{2}(1-\xi^2)(1-\eta)$$

$$N_6(\xi,\eta) = \frac{1}{2}(1+\xi)(1-\eta^2)$$

(4.39)

$$N_7(\xi,\eta) = \frac{1}{2}(1-\xi^2)(1+\eta)$$

$$N_8(\xi,\eta) = \frac{1}{2}(1-\xi)(1-\eta^2)$$

Estas funciones cumplen con las siguientes propiedades, y en eso radica su funcionalidad en el MEF.

$$\sum_{j=1}^{r} N_j(\xi,\eta) = 1$$

(4.40)

$$N_j(\xi_\lambda,\eta_\lambda) = \begin{cases} 1 & \text{si} \quad j = \lambda \\ 0 & \text{si} \quad j \neq \lambda \end{cases}$$

Sean $N_j(\xi,\eta)$ los polinomios basados en el espacio estándar $\hat{\Omega}$ y $x^{(e)}(\xi,\eta)$, $y^{(e)}(\xi,\eta)$, las transformaciones (ξ, η) en $\hat{\Omega}$ a las coordenadas (x, y) en $\Omega^{(e)}$. Para los elementos isoparamétricos el mapeo entre dominios queda representado por las siguientes expresiones [Oden et al (1986)]:

$$x^{(e)}(\xi,\eta) = \sum_{j=1}^{r} x_j^{(e)} N_j^{(e)}(\xi,\eta) \qquad (4.41)$$

$$y^{(e)}(\xi,\eta) = \sum_{j=1}^{r} y_j^{(e)} N_j^{(e)}(\xi,\eta) \qquad (4.42)$$

Donde las coordenadas nodales $\left(x_j^{(e)},\ y_j^{(e)}\right)$ definen al subdominio $\Omega^{(e)}$.

Para obtener la matriz de rigidez y el vector de fuerza, se procede de la siguiente manera:

Las derivadas dentro del integrando en (4.34) pueden ser transformadas usando la regla de la cadena y el jacobiano correspondiente, de tal forma que se obtiene la siguiente expresión:

$$\left\{\begin{array}{c} \dfrac{\partial N_j^{(e)}}{\partial x} \\[3mm] \dfrac{\partial N_j^{(e)}}{\partial y} \end{array}\right\} = \mathbf{J}(e)^{-1} \left\{\begin{array}{c} \dfrac{\partial N_j^{(e)}}{\partial \xi} \\[3mm] \dfrac{\partial N_j^{(e)}}{\partial \eta} \end{array}\right\} \qquad j = 1,.....r \qquad (4.43)$$

Las derivadas con respecto a ξ y η se obtienen derivando (4.36) a (4.39) con respecto a dichas coordenadas, según el tipo de elemento a usar. El jacobiano está expresado por la siguiente relación:

$$\mathbf{J}^{(e)} = \begin{Bmatrix} \dfrac{\partial x^{(e)}}{\partial \xi} & \dfrac{\partial y^{(e)}}{\partial \xi} \\[4mm] \dfrac{\partial x^{(e)}}{\partial \eta} & \dfrac{\partial y^{(e)}}{\partial \eta} \end{Bmatrix} \tag{4.44}$$

Por lo tanto el jacobiano inverso se compone de los siguientes términos:

$$\frac{\partial \xi^{(e)}}{\partial x} = \frac{1}{\left| \mathbf{J}^{(e)} \right|} \sum_{j=1}^{r} y_j^{(e)} \frac{\partial N_j^{(e)}}{\partial \eta} \quad ; \quad \frac{\partial \xi^{(e)}}{\partial y} = -\frac{1}{\left| \mathbf{J}^{(e)} \right|} \sum_{j=1}^{r} x_j^{(e)} \frac{\partial N_j^{(e)}}{\partial \eta} \tag{4.45}$$

$$\frac{\partial \eta^{(e)}}{\partial x} = -\frac{1}{\left| \mathbf{J}^{(e)} \right|} \sum_{j=1}^{r} y_j^{(e)} \frac{\partial N_j^{(e)}}{\partial \xi} \quad ; \quad \frac{\partial \eta^{(e)}}{\partial y} = \frac{1}{\left| \mathbf{J}^{(e)} \right|} \sum_{j=1}^{r} x_j^{(e)} \frac{\partial N_j^{(e)}}{\partial \xi} \tag{4.46}$$

Donde el determinante del jacobiano queda definido por la siguiente expresión:

$$\left| \mathbf{J}^{(e)} \right| = \frac{\partial x^{(e)}}{\partial \xi} \frac{\partial y^{(e)}}{\partial \eta} - \frac{\partial x^{(e)}}{\partial \eta} \frac{\partial y^{(e)}}{\partial \xi} \tag{4.47}$$

El mapeo del diferencial de área global está dado por:

$$d\Omega^{(e)} = \left| \mathbf{J}^{(e)} \right| d\xi \, d\eta \tag{4.48}$$

Las primeras derivadas con respecto a ξ y η de las funciones de forma (4.36) a (4.39) quedan de la siguiente manera:

Triángulo lineal:

$$\frac{\partial N_1}{\partial \xi} = -1 \quad ; \quad \frac{\partial N_1}{\partial \eta} = -1$$

$$\frac{\partial N_2}{\partial \xi} = 1 \quad ; \quad \frac{\partial N_2}{\partial \eta} = 0 \qquad (4.49)$$

$$\frac{\partial N_3}{\partial \xi} = 0 \quad ; \quad \frac{\partial N_3}{\partial \eta} = 1$$

Triángulo cuadrático:

$$\frac{\partial N_1}{\partial \xi} = 4\xi + 4\eta - 3 \quad ; \quad \frac{\partial N_1}{\partial \eta} = 4\xi + 4\eta - 3$$

$$\frac{\partial N_2}{\partial \xi} = 4\xi - 1 \quad ; \quad \frac{\partial N_2}{\partial \eta} = 0 \qquad (4.50)$$

$$\frac{\partial N_3}{\partial \xi} = 0 \quad ; \quad \frac{\partial N_3}{\partial \eta} = 4\eta - 1$$

$$\frac{\partial N_4}{\partial \xi} = -8\xi - 4\eta + 4 \quad ; \quad \frac{\partial N_4}{\partial \eta} = -4\xi$$

$$\frac{\partial N_5}{\partial \xi} = 4\eta \quad ; \quad \frac{\partial N_5}{\partial \eta} = 4\xi$$

$$\frac{\partial N_6}{\partial \xi} = -4\eta \quad ; \quad \frac{\partial N_6}{\partial \eta} = -8\eta - 4\xi + 4$$

Cuadrilátero lineal:

$$\frac{\partial N_1}{\partial \xi} = -\frac{1}{4}(1-\eta) \quad ; \quad \frac{\partial N_1}{\partial \eta} = -\frac{1}{4}(1-\xi)$$

$$\frac{\partial N_2}{\partial \xi} = \frac{1}{4}(1-\eta) \quad ; \quad \frac{\partial N_2}{\partial \eta} = -\frac{1}{4}(1+\xi)$$

$$\frac{\partial N_3}{\partial \xi} = \frac{1}{4}(1+\eta) \quad ; \quad \frac{\partial N_3}{\partial \eta} = \frac{1}{4}(1+\xi)$$

$$\frac{\partial N_4}{\partial \xi} = -\frac{1}{4}(1+\eta) \quad ; \quad \frac{\partial N_4}{\partial \eta} = \frac{1}{4}(1-\xi)$$

(4.51)

Cuadrilátero cuadrático Serendipity:

$$\frac{\partial N_1}{\partial \xi} = \frac{1}{4}(1-\eta)(2\xi+\eta) \quad ; \quad \frac{\partial N_1}{\partial \eta} = \frac{1}{4}(1-\xi)(\xi+2\eta)$$

$$\frac{\partial N_2}{\partial \xi} = \frac{1}{4}(1-\eta)(2\xi-\eta) \quad ; \quad \frac{\partial N_2}{\partial \eta} = \frac{1}{4}(1+\xi)(2\eta-\xi)$$

$$\frac{\partial N_3}{\partial \xi} = \frac{1}{4}(1+\eta)(2\xi+\eta) \quad ; \quad \frac{\partial N_3}{\partial \eta} = \frac{1}{4}(1+\xi)(2\eta+\xi)$$

$$\frac{\partial N_4}{\partial \xi} = \frac{1}{4}(1+\eta)(2\xi-\eta) \quad ; \quad \frac{\partial N_4}{\partial \eta} = \frac{1}{4}(1-\xi)(2\eta-\xi)$$

$$\frac{\partial N_5}{\partial \xi} = -\xi(1-\eta) \quad ; \quad \frac{\partial N_5}{\partial \eta} = -\frac{1}{2}(1-\xi^2)$$

$$\frac{\partial N_6}{\partial \xi} = \frac{1}{2}(1-\eta^2) \quad ; \quad \frac{\partial N_6}{\partial \eta} = -\eta(1+\xi)$$

$$\frac{\partial N_7}{\partial \xi} = -\xi(1+\eta) \quad ; \quad \frac{\partial N_7}{\partial \eta} = \frac{1}{2}(1-\xi^2)$$

$$\frac{\partial N_8}{\partial \xi} = -\frac{1}{2}(1-\eta^2) \quad ; \quad \frac{\partial N_8}{\partial \eta} = -\eta(1-\xi)$$

$$(4.52)$$

Por lo tanto se puede construir la ecuación (4.34), según el tipo de elementos a utilizar con las expresiones (4.36) a (4.52).

Definiendo el integrando de (4.34) como una función de las coordenadas locales, se tiene lo siguiente:

$$\left[k^{(e)}\right] = \int_\Omega \left[g(\xi,\eta)\right] \left|\mathbf{J}^{(e)}\right| d\xi \, d\eta \qquad (4.53)$$

El jacobiano $\mathbf{J}^{(e)}$, sirve para hacer un mapeo entre el elemento de coordenadas locales y el elemento de coordenadas globales. El significado físico del determinante de este jacobiano es que realiza un escalamiento de áreas.

Los componentes del integrando de (4.34) se expresan de la siguiente manera

$$\left[\frac{\partial N^{(e)}}{\partial x}\right]^T = \frac{1}{\left|\mathbf{J}^{(e)}\right|} \begin{bmatrix} \dfrac{\partial N_1^{(e)}}{\partial \xi} & \dfrac{\partial N_1^{(e)}}{\partial \eta} \\ \bullet & \bullet \\ \bullet & \bullet \\ \dfrac{\partial N_r^{(e)}}{\partial \xi} & \dfrac{\partial N_r^{(e)}}{\partial \eta} \end{bmatrix} \begin{bmatrix} \dfrac{\partial N_1^{(e)}}{\partial \eta} & \bullet \bullet & \dfrac{\partial N_r^{(e)}}{\partial \eta} \\ \dfrac{\partial N_1^{(e)}}{\partial \xi} & \bullet \bullet & \dfrac{\partial N_r^{(e)}}{\partial \xi} \end{bmatrix} \begin{Bmatrix} y_1^{(e)} \\ \bullet \\ \bullet \\ y_r^{(e)} \end{Bmatrix}$$

$$\left[\frac{\partial N^{(e)}}{\partial x}\right] = \frac{1}{\left|\mathbf{J}^{(e)}\right|} \left\lfloor y_1^{(e)} \quad \bullet \bullet \, y_r^{(e)} \right\rfloor \begin{bmatrix} \dfrac{\partial N_1^{(e)}}{\partial \eta} & -\dfrac{\partial N_1^{(e)}}{\partial \xi} \\ \bullet & \bullet \\ \bullet & \bullet \\ \dfrac{\partial N_r^{(e)}}{\partial \eta} & -\dfrac{\partial N_r^{(e)}}{\partial \xi} \end{bmatrix} \begin{bmatrix} \dfrac{\partial N_1^{(e)}}{\partial \xi} & \bullet \bullet & \dfrac{\partial N_r^{(e)}}{\partial \xi} \\ \dfrac{\partial N_1^{(e)}}{\partial \eta} & & \dfrac{\partial N_r^{(e)}}{\partial \eta} \end{bmatrix}$$

$$\left\lfloor \frac{\partial N^{(e)}}{\partial y} \right\rfloor^{T} = \frac{1}{\left|\mathbf{J}^{(e)}\right|} \begin{bmatrix} \dfrac{\partial N_1^{(e)}}{\partial \xi} & \dfrac{\partial N_1^{(e)}}{\partial \eta} \\ \bullet & \bullet \\ \bullet & \bullet \\ \dfrac{\partial N_r^{(e)}}{\partial \xi} & \dfrac{\partial N_r^{(e)}}{\partial \eta} \end{bmatrix} \begin{bmatrix} -\dfrac{\partial N_1^{(e)}}{\partial \eta} & \bullet\bullet & -\dfrac{\partial N_r^{(e)}}{\partial \eta} \\ \dfrac{\partial N_1^{(e)}}{\partial \xi} & \bullet\bullet & \dfrac{\partial N_r^{(e)}}{\partial \xi} \end{bmatrix} \left\{ \begin{matrix} x_1^{(e)} \\ \bullet \\ \bullet \\ x_r^{(e)} \end{matrix} \right\}$$

$$\left\lfloor \frac{\partial N^{(e)}}{\partial y} \right\rfloor = \frac{1}{\left|\mathbf{J}^{(e)}\right|} \left\lfloor x_1^{(e)} \quad \bullet\bullet \quad x_r^{(e)} \right\rfloor \begin{bmatrix} -\dfrac{\partial N_1^{(e)}}{\partial \eta} & \dfrac{\partial N_1^{(e)}}{\partial \xi} \\ \bullet & \bullet \\ \bullet & \bullet \\ -\dfrac{\partial N_r^{(e)}}{\partial \eta} & \dfrac{\partial N_r^{(e)}}{\partial \xi} \end{bmatrix} \begin{bmatrix} \dfrac{\partial N_1^{(e)}}{\partial \xi} & \bullet\bullet & \dfrac{\partial N_r^{(e)}}{\partial \xi} \\ \dfrac{\partial N_1^{(e)}}{\partial \eta} & \bullet\bullet & \dfrac{\partial N_r^{(e)}}{\partial \eta} \end{bmatrix}$$

La expresión (4.35) puede ser tratada en forma similar, considerando algunos detalles. En primer lugar, la función F incluye segundas derivadas, sin embargo como se trabaja con los valores nodales $\overline{\phi}^{n}$ de la función aproximación de la iteración previa y las funciones de forma, se puede dejar todo en función de estos grados de libertad globales conocidos. Las segundas derivadas se obtienen de la regla de la cadena y del mapeo de las coordenadas locales, agrupando términos de manera que se obtiene un tipo de jacobiano, formado por términos parecidos, en cierta forma, a los del jacobiano original. A continuación se muestra el procedimiento completo [Villacorta (1995)] para obtener el jacobiano mencionado anteriormente y las segundas derivadas parciales.

La primera derivada parcial de la función aproximación con respecto a x, se expresa de la siguiente manera:

$$\frac{\partial \widetilde{\phi}^{n(e)}}{\partial x} = \frac{\partial \widetilde{\phi}^{n(e)}}{\partial \xi}\frac{\partial \xi}{\partial x} + \frac{\partial \widetilde{\phi}^{n(e)}}{\partial \eta}\frac{\partial \eta}{\partial x} \qquad (4.54)$$

La segunda derivada parcial con respecto a x, se define así:

$$\frac{\partial^2 \widetilde{\phi}^{n(e)}}{\partial x^2} = \frac{\partial}{\partial x}\left(\frac{\partial \widetilde{\phi}^{n(e)}}{\partial x}\right)$$

Desarrollando

$$\frac{\partial^2 \widetilde{\phi}^{n(e)}}{\partial x^2} = \frac{\partial}{\partial x}\left(\frac{\partial \widetilde{\phi}^{n(e)}}{\partial \xi}\right)\frac{\partial \xi}{\partial x} + \frac{\partial \widetilde{\phi}^{n(e)}}{\partial \xi}\frac{\partial^2 \xi}{\partial x^2}$$

$$+ \frac{\partial}{\partial x}\left(\frac{\partial \widetilde{\phi}^{n(e)}}{\partial \eta}\right)\frac{\partial \eta}{\partial x} + \frac{\partial \widetilde{\phi}^{n(e)}}{\partial \eta}\frac{\partial^2 \eta}{\partial x^2}$$

Continuando el desarrollo

$$\frac{\partial^2 \widetilde{\phi}^{n(e)}}{\partial x^2} = \frac{\partial^2 \widetilde{\phi}^{n(e)}}{\partial \xi^2}\left(\frac{\partial \xi}{\partial x}\right)^2 + \frac{\partial^2 \widetilde{\phi}^{n(e)}}{\partial \xi \partial \eta}\left(\frac{\partial \xi}{\partial x}\right)\left(\frac{\partial \eta}{\partial x}\right)$$

$$+ \frac{\partial^2 \widetilde{\phi}^{n(e)}}{\partial \xi \partial \eta}\left(\frac{\partial \xi}{\partial x}\right)\left(\frac{\partial \eta}{\partial x}\right) + \frac{\partial^2 \widetilde{\phi}^{n(e)}}{\partial \eta^2}\left(\frac{\partial \eta}{\partial x}\right)^2$$

$$+ \frac{\partial \widetilde{\phi}^{n(e)}}{\partial \xi}\frac{\partial^2 \xi}{\partial x^2} + \frac{\partial \widetilde{\phi}^{n(e)}}{\partial \eta}\frac{\partial^2 \eta}{\partial x^2}$$

Agrupando términos se tiene lo siguiente:

$$\frac{\partial^2 \widetilde{\phi}^{n(e)}}{\partial x^2} = \left(\frac{\partial \xi}{\partial x}\right)^2 \frac{\partial^2 \widetilde{\phi}^{n(e)}}{\partial \xi^2} + 2\left(\frac{\partial \xi}{\partial x}\right)\left(\frac{\partial \eta}{\partial x}\right)\frac{\partial^2 \widetilde{\phi}^{n(e)}}{\partial \xi \partial \eta}$$
$$+ \left(\frac{\partial \eta}{\partial x}\right)^2 \frac{\partial^2 \widetilde{\phi}^{n(e)}}{\partial \eta^2} + \left(\frac{\partial^2 \xi}{\partial x^2}\right)\frac{\partial \widetilde{\phi}^{n(e)}}{\partial \xi} + \left(\frac{\partial^2 \eta}{\partial x^2}\right)\frac{\partial \widetilde{\phi}^{n(e)}}{\partial \eta} \qquad (4.55)$$

En una forma similar la segunda derivada parcial de la función aproximación con respecto a y, se muestra a continuación:

$$\frac{\partial^2 \widetilde{\phi}^{n(e)}}{\partial y^2} = \left(\frac{\partial \xi}{\partial y}\right)^2 \frac{\partial^2 \widetilde{\phi}^{n(e)}}{\partial \xi^2} + 2\left(\frac{\partial \xi}{\partial y}\right)\left(\frac{\partial \eta}{\partial y}\right)\frac{\partial^2 \widetilde{\phi}^{n(e)}}{\partial \xi \partial \eta}$$

$$+ \left(\frac{\partial \eta}{\partial y}\right)^2 \frac{\partial^2 \widetilde{\phi}^{n(e)}}{\partial \eta^2} + \left(\frac{\partial^2 \xi}{\partial y^2}\right)\frac{\partial \widetilde{\phi}^{n(e)}}{\partial \xi} + \left(\frac{\partial^2 \eta}{\partial y^2}\right)\frac{\partial \widetilde{\phi}^{n(e)}}{\partial \eta}$$

$$(4.56)$$

La derivada parcial cruzada, es decir, la segunda derivada parcial de la función aproximación con respecto a x y con respecto a y, se expresa de la siguiente manera:

$$\frac{\partial^2 \widetilde{\phi}^{n(e)}}{\partial x \partial y} = \frac{\partial}{\partial y}\left(\frac{\partial \widetilde{\phi}^{n(e)}}{\partial x}\right)$$

$$\frac{\partial^2 \widetilde{\phi}^{n(e)}}{\partial x \partial y} = \frac{\partial}{\partial y}\left[\frac{\partial \widetilde{\phi}^{n(e)}}{\partial \xi}\frac{\partial \xi}{\partial x} + \frac{\partial \widetilde{\phi}^{n(e)}}{\partial \eta}\frac{\partial \eta}{\partial x}\right]$$

Desarrollando la expresión anterior se tiene lo siguiente:

$$\frac{\partial^2 \widetilde{\phi}^{n(e)}}{\partial x \partial y} = \frac{\partial^2 \widetilde{\phi}^{n(e)}}{\partial \xi^2} \left(\frac{\partial \xi}{\partial y}\right)\left(\frac{\partial \xi}{\partial x}\right) + \frac{\partial^2 \widetilde{\phi}^{n(e)}}{\partial \xi \partial \eta}\left(\frac{\partial \eta}{\partial y}\right)\left(\frac{\partial \xi}{\partial x}\right)$$

$$+ \frac{\partial \widetilde{\phi}^{n(e)}}{\partial \xi}\left(\frac{\partial^2 \xi}{\partial x \partial y}\right) + \frac{\partial^2 \widetilde{\phi}^{n(e)}}{\partial \xi \partial \eta}\left(\frac{\partial \xi}{\partial y}\right)\left(\frac{\partial \eta}{\partial x}\right)$$

$$+ \frac{\partial^2 \widetilde{\phi}^{n(e)}}{\partial \eta^2}\left(\frac{\partial \eta}{\partial y}\right)\left(\frac{\partial \eta}{\partial x}\right) + \frac{\partial \widetilde{\phi}^{n(e)}}{\partial \eta}\left(\frac{\partial^2 \eta}{\partial x \partial y}\right)$$

Factorizando, la expresión anterior queda así:

$$\frac{\partial^2 \widetilde{\phi}^{n(e)}}{\partial x \partial y} = \left(\frac{\partial \xi}{\partial x}\right)\left(\frac{\partial \xi}{\partial y}\right)\frac{\partial^2 \widetilde{\phi}^{n(e)}}{\partial \xi^2} + \left[\left(\frac{\partial \xi}{\partial x}\right)\left(\frac{\partial \eta}{\partial y}\right) + \left(\frac{\partial \xi}{\partial y}\right)\left(\frac{\partial \eta}{\partial x}\right)\right]\frac{\partial^2 \widetilde{\phi}^{n(e)}}{\partial \xi \partial \eta}$$

$$+ \left(\frac{\partial \eta}{\partial x}\right)\left(\frac{\partial \eta}{\partial y}\right)\frac{\partial^2 \widetilde{\phi}^{n(e)}}{\partial \eta^2} + \left(\frac{\partial^2 \xi}{\partial x \partial y}\right)\frac{\partial \widetilde{\phi}^{n(e)}}{\partial \xi} + \left(\frac{\partial^2 \eta}{\partial x \partial y}\right)\frac{\partial \widetilde{\phi}^{n(e)}}{\partial \eta}$$

$$(4.57)$$

El problema con las ecuaciones (4.55) a la (4.57) es que no se conoce explícitamente a ξ y η, como funciones de x y de y, por lo tanto se tiene que recurrir al siguiente procedimiento:

Las primeras derivadas parciales de la función de aproximación con respecto a las variables locales ξ y η, son las siguientes expresiones:

$$\frac{\partial \widetilde{\phi}^{\,n(e)}}{\partial \eta} = \frac{\partial \widetilde{\phi}^{\,n(e)}}{\partial x} \frac{\partial x^{(e)}}{\partial \eta} + \frac{\partial \widetilde{\phi}^{\,n(e)}}{\partial y} \frac{\partial y^{(e)}}{\partial \eta}$$

$$(4.58)$$

$$\frac{\partial \widetilde{\phi}^{\,n(e)}}{\partial \xi} = \frac{\partial \widetilde{\phi}^{\,n(e)}}{\partial x} \frac{\partial x^{(e)}}{\partial \xi} + \frac{\partial \widetilde{\phi}^{\,n(e)}}{\partial y} \frac{\partial y^{(e)}}{\partial \xi}$$

La segunda derivada parcial de la función aproximación con respecto a la variable local ξ, se muestra a continuación:

$$\frac{\partial^2 \widetilde{\phi}^{\,n(e)}}{\partial \xi^2} = \frac{\partial}{\partial \xi}\left(\frac{\partial \widetilde{\phi}^{\,n(e)}}{\partial x} \right)\frac{\partial x^{(e)}}{\partial \xi} + \frac{\partial \widetilde{\phi}^{\,n(e)}}{\partial x}\left(\frac{\partial^2 x^{(e)}}{\partial \xi^2} \right)$$

$$+ \frac{\partial}{\partial \xi}\left(\frac{\partial \widetilde{\phi}^{\,n(e)}}{\partial y} \right)\frac{\partial y^{(e)}}{\partial \xi} + \frac{\partial \widetilde{\phi}^{\,n(e)}}{\partial y}\left(\frac{\partial^2 y^{(e)}}{\partial \xi^2} \right)$$

Desarrollando esta última expresión, se obtiene la siguiente:

$$\frac{\partial^2 \widetilde{\phi}^{\,n(e)}}{\partial \xi^2} - \frac{\partial \widetilde{\phi}^{\,n(e)}}{\partial x}\left(\frac{\partial^2 x^{(e)}}{\partial \xi^2} \right) - \frac{\partial \widetilde{\phi}^{\,n(e)}}{\partial y}\left(\frac{\partial^2 y^{(e)}}{\partial \xi^2} \right) =$$

$$\left(\frac{\partial x^{(e)}}{\partial \xi} \right)^2 \frac{\partial^2 \widetilde{\phi}^{\,n(e)}}{\partial x^2} + 2\left(\frac{\partial x^{(e)}}{\partial \xi} \right)\left(\frac{\partial y^{(e)}}{\partial \xi} \right)\frac{\partial^2 \widetilde{\phi}^{\,n(e)}}{\partial x \partial y} \qquad (4.59)$$

$$+ \left(\frac{\partial y^{(e)}}{\partial \xi} \right)^2 \frac{\partial^2 \widetilde{\phi}^{\,n(e)}}{\partial y^2}$$

La segunda derivada parcial de la función aproximación con respecto a la variable local η, se muestra a continuación:

$$\frac{\partial^2 \widetilde{\phi}^{n(e)}}{\partial \eta^2} = \frac{\partial^2 \widetilde{\phi}^{n(e)}}{\partial x^2} \left(\frac{\partial x^{(e)}}{\partial \eta} \right)^2 + \frac{\partial^2 \widetilde{\phi}^{n(e)}}{\partial x \partial y} \left(\frac{\partial x^{(e)}}{\partial \eta} \right) \left(\frac{\partial y^{(e)}}{\partial \eta} \right)$$

$$+ \frac{\partial^2 \widetilde{\phi}^{n(e)}}{\partial x \partial y} \left(\frac{\partial x^{(e)}}{\partial \eta} \right) \left(\frac{\partial y^{(e)}}{\partial \eta} \right) + \frac{\partial^2 \widetilde{\phi}^{n(e)}}{\partial y^2} \left(\frac{\partial y^{(e)}}{\partial \eta} \right)^2$$

$$+ \frac{\partial \widetilde{\phi}^{n(e)}}{\partial x} \left(\frac{\partial^2 x^{(e)}}{\partial \eta^2} \right) + \frac{\partial \widetilde{\phi}^{n(e)}}{\partial y} \left(\frac{\partial^2 y^{(e)}}{\partial \eta^2} \right)$$

Agrupando términos se llega a lo siguiente:

$$\frac{\partial^2 \widetilde{\phi}^{n(e)}}{\partial \eta^2} - \frac{\partial \widetilde{\phi}^{n(e)}}{\partial x} \left(\frac{\partial^2 x^{(e)}}{\partial \eta^2} \right) - \frac{\partial \widetilde{\phi}^{n(e)}}{\partial y} \left(\frac{\partial^2 y^{(e)}}{\partial \eta^2} \right) =$$

$$\left(\frac{\partial x^{(e)}}{\partial \eta} \right)^2 \frac{\partial^2 \widetilde{\phi}^{n(e)}}{\partial x^2} + 2 \left(\frac{\partial x^{(e)}}{\partial \eta} \right) \left(\frac{\partial y^{(e)}}{\partial \eta} \right) \frac{\partial^2 \widetilde{\phi}^{n(e)}}{\partial x \partial y} + \left(\frac{\partial y^{(e)}}{\partial \eta} \right)^2 \frac{\partial^2 \widetilde{\phi}^{n(e)}}{\partial y^2}$$

$$(4.60)$$

La derivada parcial cruzada de la función aproximación con respecto a ξ y η, se define de la siguiente manera:

$$\frac{\partial^2 \widetilde{\phi}^{n(e)}}{\partial \xi \partial \eta} = \frac{\partial}{\partial \eta} \left(\frac{\partial \widetilde{\phi}^{n(e)}}{\partial \xi} \right)$$

$$\frac{\partial^2 \widetilde{\phi}^{n(e)}}{\partial \xi \partial \eta} = \frac{\partial}{\partial \eta}\left(\frac{\partial \widetilde{\phi}^{n(e)}}{\partial x}\right)\left(\frac{\partial x^{(e)}}{\partial \xi}\right) + \frac{\partial}{\partial \eta}\left(\frac{\partial \widetilde{\phi}^{n(e)}}{\partial y}\right)\left(\frac{\partial y^{(e)}}{\partial \xi}\right)$$

$$+ \frac{\partial \widetilde{\phi}^{n(e)}}{\partial x}\left(\frac{\partial^2 x^{(e)}}{\partial \xi \partial \eta}\right) + \frac{\partial \widetilde{\phi}^{n(e)}}{\partial y}\left(\frac{\partial^2 y^{(e)}}{\partial \xi \partial \eta}\right)$$

Desarrollando la expresión anterior se llega a lo siguiente:

$$\frac{\partial^2 \widetilde{\phi}^{n(e)}}{\partial \xi \partial \eta} = \frac{\partial^2 \widetilde{\phi}^{n(e)}}{\partial x^2}\left(\frac{\partial x^{(e)}}{\partial \eta}\right)\left(\frac{\partial x^{(e)}}{\partial \xi}\right) + \frac{\partial^2 \widetilde{\phi}^{n(e)}}{\partial x \partial y}\left(\frac{\partial y^{(e)}}{\partial \eta}\right)\left(\frac{\partial x^{(e)}}{\partial \xi}\right)$$

$$+ \frac{\partial^2 \widetilde{\phi}^{n(e)}}{\partial x \partial y}\left(\frac{\partial x^{(e)}}{\partial \eta}\right)\left(\frac{\partial y^{(e)}}{\partial \xi}\right) + \frac{\partial^2 \widetilde{\phi}^{n(e)}}{\partial y^2}\left(\frac{\partial y^{(e)}}{\partial \eta}\right)\left(\frac{\partial y^{(e)}}{\partial \xi}\right)$$

$$+ \frac{\partial \widetilde{\phi}^{n(e)}}{\partial x}\left(\frac{\partial^2 x^{(e)}}{\partial \xi \partial \eta}\right) + \frac{\partial \widetilde{\phi}^{n(e)}}{\partial y}\left(\frac{\partial^2 y^{(e)}}{\partial \xi \partial \eta}\right)$$

Agrupando términos se tiene lo siguiente:

$$\frac{\partial^2 \widetilde{\phi}^{n(e)}}{\partial \xi \partial \eta} - \left(\frac{\partial^2 x^{(e)}}{\partial \xi \partial \eta} \right) \frac{\partial \widetilde{\phi}^{n(e)}}{\partial x} - \left(\frac{\partial^2 y^{(e)}}{\partial \xi \partial \eta} \right) \frac{\partial \widetilde{\phi}^{n(e)}}{\partial y} = \left(\frac{\partial x^{(e)}}{\partial \eta} \right) \left(\frac{\partial x^{(e)}}{\partial \xi} \right) \frac{\partial^2 \widetilde{\phi}^{n(e)}}{\partial x^2}$$

$$+ \left(\frac{\partial x^{(e)}}{\partial \eta} \right) \left(\frac{\partial x^{(e)}}{\partial \xi} \right) \frac{\partial^2 \widetilde{\phi}^{n(e)}}{\partial x^2} + \left[\left(\frac{\partial x^{(e)}}{\partial \xi} \right) \left(\frac{\partial y^{(e)}}{\partial \eta} \right) + \left(\frac{\partial x^{(e)}}{\partial \eta} \right) \left(\frac{\partial y^{(e)}}{\partial \xi} \right) \right] \frac{\partial^2 \widetilde{\phi}^{n(e)}}{\partial x \partial y}$$

$$+ \left(\frac{\partial y^{(e)}}{\partial \xi} \right) \left(\frac{\partial y^{(e)}}{\partial \eta} \right) \frac{\partial^2 \widetilde{\phi}^{n(e)}}{\partial y^2}$$

$$(4.61)$$

Agrupando (4.59), (4.60) y (4.61) para generar un sistema de ecuaciones, se muestra a continuación:

$$\begin{Bmatrix} \dfrac{\partial^2 \widetilde{\phi}^{n(e)}}{\partial \xi^2} - \left(\dfrac{\partial^2 x^{(e)}}{\partial \xi^2} \right) \dfrac{\partial \widetilde{\phi}^{n(e)}}{\partial x} - \left(\dfrac{\partial^2 y^{(e)}}{\partial \xi^2} \right) \dfrac{\partial \widetilde{\phi}^{n(e)}}{\partial y} \\[2em] \dfrac{\partial^2 \widetilde{\phi}^{n(e)}}{\partial \eta^2} - \left(\dfrac{\partial^2 x^{(e)}}{\partial \eta^2} \right) \dfrac{\partial \widetilde{\phi}^{n(e)}}{\partial x} - \left(\dfrac{\partial^2 y^{(e)}}{\partial \eta^2} \right) \dfrac{\partial \widetilde{\phi}^{n(e)}}{\partial y} \\[2em] \dfrac{\partial^2 \widetilde{\phi}^{n(e)}}{\partial \xi \partial \eta} - \left(\dfrac{\partial^2 x^{(e)}}{\partial \xi \partial \eta} \right) \dfrac{\partial \widetilde{\phi}^{n(e)}}{\partial x} - \left(\dfrac{\partial^2 y^{(e)}}{\partial \xi \partial \eta} \right) \dfrac{\partial \widetilde{\phi}^{n(e)}}{\partial y} \end{Bmatrix} =$$

$$
\begin{bmatrix}
\left(\dfrac{\partial x^{(e)}}{\partial \xi}\right)^2 & 2\left(\dfrac{\partial x^{(e)}}{\partial \xi}\right)\left(\dfrac{\partial y^{(e)}}{\partial \xi}\right) & \left(\dfrac{\partial y^{(e)}}{\partial \xi}\right)^2 \\[3mm]
\left(\dfrac{\partial x^{(e)}}{\partial \eta}\right)^2 & 2\left(\dfrac{\partial x^{(e)}}{\partial \eta}\right)\left(\dfrac{\partial y^{(e)}}{\partial \eta}\right) & \left(\dfrac{\partial y^{(e)}}{\partial \eta}\right)^2 \\[3mm]
\left(\dfrac{\partial x^{(e)}}{\partial \xi}\right)\left(\dfrac{\partial x^{(e)}}{\partial \eta}\right) & \left(\dfrac{\partial x^{(e)}}{\partial \xi}\right)\left(\dfrac{\partial y^{(e)}}{\partial \eta}\right)+\left(\dfrac{\partial x^{(e)}}{\partial \eta}\right)\left(\dfrac{\partial y^{(e)}}{\partial \xi}\right) & \left(\dfrac{\partial y^{(e)}}{\partial \xi}\right)\left(\dfrac{\partial y^{(e)}}{\partial \eta}\right)
\end{bmatrix}
\begin{bmatrix}
\dfrac{\partial^2 \widetilde{\phi}^{\,n(e)}}{\partial x^2} \\[3mm]
\dfrac{\partial^2 \widetilde{\phi}^{\,n(e)}}{\partial x \partial y} \\[3mm]
\dfrac{\partial^2 \widetilde{\phi}^{\,n(e)}}{\partial y^2}
\end{bmatrix}
$$

La expresión anterior se puede escribir de la siguiente manera:

$$
\left\{
\begin{array}{c}
\dfrac{\partial^2 \widetilde{\phi}_{n(e)}}{\partial \xi^2} - \left(\dfrac{\partial^2 x^{(e)}}{\partial \xi^2}\right)\dfrac{\partial \widetilde{\phi}^{\,n(e)}}{\partial x} - \left(\dfrac{\partial^2 y^{(e)}}{\partial \xi^2}\right)\dfrac{\partial \widetilde{\phi}^{\,n(e)}}{\partial y} \\[3mm]
\dfrac{\partial^2 \widetilde{\phi}_{n(e)}}{\partial \eta^2} - \left(\dfrac{\partial^2 x^{(e)}}{\partial \eta^2}\right)\dfrac{\partial \widetilde{\phi}^{\,n(e)}}{\partial x} - \left(\dfrac{\partial^2 y^{(e)}}{\partial \eta^2}\right)\dfrac{\partial \widetilde{\phi}^{\,n(e)}}{\partial y} \\[3mm]
\dfrac{\partial^2 \widetilde{\phi}_{n(e)}}{\partial \xi \partial \eta} - \left(\dfrac{\partial^2 x^{(e)}}{\partial \xi \partial \eta}\right)\dfrac{\partial \widetilde{\phi}^{\,n(e)}}{\partial x} - \left(\dfrac{\partial^2 y^{(e)}}{\partial \xi \partial \eta}\right)\dfrac{\partial \widetilde{\phi}^{\,n(e)}}{\partial y}
\end{array}
\right\}
= \left[\mathbf{J}_2^{(e)}\right]
\left\{
\begin{array}{c}
\dfrac{\partial^2 \widetilde{\phi}_{n(e)}}{\partial x^2} \\[3mm]
\dfrac{\partial^2 \widetilde{\phi}_{n(e)}}{\partial x \partial y} \\[3mm]
\dfrac{\partial^2 \widetilde{\phi}_{n(e)}}{\partial y^2}
\end{array}
\right\}
$$

Donde:

$$
\left[\mathbf{J}_2^{(e)}\right] =
\begin{bmatrix}
\left(\dfrac{\partial x^{(e)}}{\partial \xi}\right)^2 & 2\left(\dfrac{\partial x^{(e)}}{\partial \xi}\right)\left(\dfrac{\partial y^{(e)}}{\partial \xi}\right) & \left(\dfrac{\partial y^{(e)}}{\partial \xi}\right)^2 \\[3mm]
\left(\dfrac{\partial x^{(e)}}{\partial \eta}\right)^2 & 2\left(\dfrac{\partial x^{(e)}}{\partial \eta}\right)\left(\dfrac{\partial y^{(e)}}{\partial \eta}\right) & \left(\dfrac{\partial y^{(e)}}{\partial \eta}\right)^2 \\[3mm]
\left(\dfrac{\partial x^{(e)}}{\partial \xi}\right)\left(\dfrac{\partial x^{(e)}}{\partial \eta}\right) & \left(\dfrac{\partial x^{(e)}}{\partial \xi}\right)\left(\dfrac{\partial y^{(e)}}{\partial \eta}\right)+\left(\dfrac{\partial x^{(e)}}{\partial \eta}\right)\left(\dfrac{\partial y^{(e)}}{\partial \xi}\right) & \left(\dfrac{\partial y^{(e)}}{\partial \xi}\right)\left(\dfrac{\partial y^{(e)}}{\partial \eta}\right)
\end{bmatrix}
$$

Las segundas derivadas parciales de la función aproximación con respecto a x y a y se definen de la siguiente manera [Villacorta (1995)]:

$$\begin{Bmatrix} \dfrac{\partial^2 \tilde{\phi}^{n(e)}}{\partial x^2} \\[2ex] \dfrac{\partial^2 \tilde{\phi}^{n(e)}}{\partial x \partial y} \\[2ex] \dfrac{\partial^2 \tilde{\phi}^{n(e)}}{\partial y^2} \end{Bmatrix} = \left[\mathbf{J}_2^{(e)} \right]^{-1} \begin{Bmatrix} \dfrac{\partial^2 \tilde{\phi}^{n(e)}}{\partial \xi^2} - \left(\dfrac{\partial^2 x^{(e)}}{\partial \xi^2} \right) \dfrac{\partial \tilde{\phi}^{n(e)}}{\partial x} - \left(\dfrac{\partial^2 y^{(e)}}{\partial \xi^2} \right) \dfrac{\partial \tilde{\phi}^{n(e)}}{\partial y} \\[2ex] \dfrac{\partial^2 \tilde{\phi}^{n(e)}}{\partial \eta^2} - \left(\dfrac{\partial^2 x^{(e)}}{\partial \eta^2} \right) \dfrac{\partial \tilde{\phi}^{n(e)}}{\partial x} - \left(\dfrac{\partial^2 y^{(e)}}{\partial \eta^2} \right) \dfrac{\partial \tilde{\phi}^{n(e)}}{\partial y} \\[2ex] \dfrac{\partial^2 \tilde{\phi}^{n(e)}}{\partial \xi \partial \eta} - \left(\dfrac{\partial^2 x^{(e)}}{\partial \xi \partial \eta} \right) \dfrac{\partial \tilde{\phi}^{n(e)}}{\partial x} - \left(\dfrac{\partial^2 y^{(e)}}{\partial \xi \partial \eta} \right) \dfrac{\partial \tilde{\phi}^{n(e)}}{\partial y} \end{Bmatrix} \tag{4.62}$$

Nótese que los elementos de $[\mathbf{J}_2^{(e)}]$ pueden obtenerse a partir de las ecuaciones (4.41) y (4.42). Además, las derivadas parciales que aparecen en el vector columna del lado derecho de la expresión (4.62), no presentan ninguna dificultad dado que se pueden calcular empleando las siguientes relaciones:

$$\frac{\partial \tilde{\phi}^{n(e)}}{\partial x} = \sum_{j=1}^{r} \frac{\partial N_j^{(e)}}{\partial x} \, \phi_j^{n(e)} \tag{4.63}$$

$$\frac{\partial \tilde{\phi}^{n(e)}}{\partial y} = \sum_{j=1}^{r} \frac{\partial N_j^{(e)}}{\partial y} \, \phi_j^{n(e)} \tag{4.64}$$

Estas dos últimas expresiones son similares a (4.22) y (4.23) respectivamente, pero en este caso, son valores conocidos pues los parámetros $\overline{\phi}_j^{n(e)}$, son ya conocidos para la iteración $n + 1$. De la misma manera se tienen las siguientes relaciones:

$$\frac{\partial^2 \tilde{\phi}^{n(e)}}{\partial \eta^2} = \sum_{j=}^{r} \frac{\partial^2 N_j^{(e)}}{\partial \eta^2} \bar{\phi}_j^{n(e)} \qquad (4.65)$$

$$\frac{\partial^2 \tilde{\phi}^{n(e)}}{\partial \xi^2} = \sum_{j=1}^{r} \frac{\partial^2 N_j^{(e)}}{\partial \xi^2} \bar{\phi}_j^{n(e)} \qquad (4.66)$$

$$\frac{\partial^2 \tilde{\phi}^{n(e)}}{\partial \xi \partial \eta} = \sum_{j=1}^{r} \frac{\partial^2 N_j^{(e)}}{\partial \xi \partial \eta} \bar{\phi}_j^{n(e)} \qquad (4.67)$$

Donde las segundas derivadas de las funciones de forma con respecto a las variables locales se obtienen derivando las ecuaciones de (4.49) a (4.52), según el tipo de elemento a usar.

A continuación se presentan las segundas derivadas de las funciones de forma de los elementos expuestos con anterioridad:

Triángulo lineal:

$$\frac{\partial^2 N_1}{\partial \xi^2} = 0 \qquad \frac{\partial^2 N_1}{\partial \eta^2} = 0 \qquad \frac{\partial^2 N_1}{\partial \xi \partial \eta} = 0$$

$$\frac{\partial^2 N_2}{\partial \xi^2} = 0 \qquad \frac{\partial^2 N_2}{\partial \eta^2} = 0 \qquad \frac{\partial^2 N_2}{\partial \xi \partial \eta} = 0 \qquad (4.68)$$

$$\frac{\partial^2 N_3}{\partial \xi^2} = 0 \qquad \frac{\partial^2 N_3}{\partial \eta^2} = 0 \qquad \frac{\partial^2 N_3}{\partial \xi \partial \eta} = 0$$

Triángulo cuadrático:

$$\frac{\partial^2 N_1}{\partial \xi^2} = 4 \qquad \frac{\partial^2 N_1}{\partial \eta^2} = 4 \qquad \frac{\partial^2 N_1}{\partial \xi \partial \eta} = 4$$

$$\frac{\partial^2 N_2}{\partial \xi^2} = 4 \qquad \frac{\partial^2 N_2}{\partial \eta^2} = 0 \qquad \frac{\partial^2 N_2}{\partial \xi \partial \eta} = 0$$

$$\frac{\partial^2 N_3}{\partial \xi^2} = 0 \qquad \frac{\partial^2 N_3}{\partial \eta^2} = 4 \qquad \frac{\partial^2 N_3}{\partial \xi \partial \eta} = 0$$

$$\frac{\partial^2 N_4}{\partial \xi^2} = -8 \qquad \frac{\partial^2 N_4}{\partial \eta^2} = 0 \qquad \frac{\partial^2 N_4}{\partial \xi \partial \eta} = 0$$

$$\frac{\partial^2 N_5}{\partial \xi^2} = 0 \qquad \frac{\partial^2 N_5}{\partial \eta^2} = 0 \qquad \frac{\partial^2 N_5}{\partial \xi \partial \eta} = 4$$

$$\frac{\partial^2 N_6}{\partial \xi^2} = 0 \qquad \frac{\partial^2 N_6}{\partial \eta^2} = -8 \qquad \frac{\partial^2 N_6}{\partial \xi \partial \eta} = -4$$

$$(4.69)$$

Cuadrilátero lineal:

$$\frac{\partial^2 N_1}{\partial \xi^2} = 0 \qquad \frac{\partial^2 N_1}{\partial \eta^2} = 0 \qquad \frac{\partial^2 N_1}{\partial \xi \, \partial \eta} = \frac{1}{4}$$

$$\frac{\partial^2 N_2}{\partial \xi^2} = 0 \qquad \frac{\partial^2 N_2}{\partial \eta^2} = 0 \qquad \frac{\partial^2 N_2}{\partial \xi \, \partial \eta} = -\frac{1}{4}$$

$$\frac{\partial^2 N_3}{\partial \xi^2} = 0 \qquad \frac{\partial^2 N_3}{\partial \eta^2} = 0 \qquad \frac{\partial^2 N_3}{\partial \xi \, \partial \eta} = \frac{1}{4}$$

$$\frac{\partial^2 N_4}{\partial \xi^2} = 0 \qquad \frac{\partial^2 N_4}{\partial \eta^2} = 0 \qquad \frac{\partial^2 N_4}{\partial \xi \, \partial \eta} = -\frac{1}{4}$$

(4.70)

Cuadrilátero cuadrático:

$$\frac{\partial^2 N_1}{\partial \xi^2} = \frac{1}{2}(1-\eta) \qquad \frac{\partial^2 N_1}{\partial \eta^2} = \frac{1}{2}(1-\xi) \qquad \frac{\partial^2 N_1}{\partial \xi \partial \eta} = \frac{1}{2}\left(\frac{1}{2}-\xi-\eta\right)$$

$$\frac{\partial^2 N_2}{\partial \xi^2} = \frac{1}{2}(1-\eta) \qquad \frac{\partial^2 N_2}{\partial \eta^2} = \frac{1}{2}(1+\xi) \qquad \frac{\partial^2 N_2}{\partial \xi \partial \eta} = \frac{1}{2}\left(-\frac{1}{2}-\xi+\eta\right)$$

$$\frac{\partial^2 N_3}{\partial \xi^2} = \frac{1}{2}(1+\eta) \qquad \frac{\partial^2 N_3}{\partial \eta^2} = \frac{1}{2}(1+\xi) \qquad \frac{\partial^2 N_3}{\partial \xi \partial \eta} = \frac{1}{2}\left(\frac{1}{2}+\xi+\eta\right)$$

$$\frac{\partial^2 N_4}{\partial \xi^2} = \frac{1}{2}(1+\eta) \qquad \frac{\partial^2 N_4}{\partial \eta^2} = \frac{1}{2}(1-\xi) \qquad \frac{\partial^2 N_4}{\partial \xi \partial \eta} = \frac{1}{2}\left(-\frac{1}{2}+\xi-\eta\right)$$

$$\frac{\partial^2 N_5}{\partial \xi^2} = (\eta-1) \qquad \frac{\partial^2 N_5}{\partial \eta^2} = 0 \qquad \frac{\partial^2 N_5}{\partial \xi \partial \eta} = \xi$$

$$\frac{\partial^2 N_6}{\partial \xi^2} = 0 \qquad \frac{\partial^2 N_6}{\partial \eta^2} = -(\xi+1) \qquad \frac{\partial^2 N_6}{\partial \xi \partial \eta} = -\eta$$

$$\frac{\partial^2 N_7}{\partial \xi^2} = -(\eta+1) \qquad \frac{\partial^2 N_7}{\partial \eta^2} = 0 \qquad \frac{\partial^2 N_7}{\partial \xi \partial \eta} = -\xi$$

$$\frac{\partial^2 N_8}{\partial \xi^2} = 0 \qquad \frac{\partial^2 N_8}{\partial \eta^2} = (\xi-1) \qquad \frac{\partial^2 N_8}{\partial \xi \partial \eta} = \eta$$

(4.71)

Derivando dos veces las expresiones (4.41) y (4.42) con respecto a las variables locales, se tiene lo siguiente:

$$\frac{\partial^2 x^{(e)}}{\partial \eta^2} = \sum_{j=1}^{r} \frac{\partial^2 N_j^{(e)}}{\partial \eta^2} x_j^{(e)} \tag{4.72}$$

$$\frac{\partial^2 x^{(e)}}{\partial \xi^2} = \sum_{j=1}^{r} \frac{\partial^2 N_j^{(e)}}{\partial \xi^2} x_j^{(e)} \tag{4.73}$$

$$\frac{\partial^2 x^{(e)}}{\partial \xi \partial \eta} = \sum_{j=1}^{r} \frac{\partial^2 N_j^{(e)}}{\partial \xi \partial \eta} x_j^{(e)} \tag{4.74}$$

$$\frac{\partial^2 y^{(e)}}{\partial \eta^2} = \sum_{j=1}^{r} \frac{\partial^2 N_j^{(e)}}{\partial \eta^2} y_j^{(e)} \tag{4.75}$$

$$\frac{\partial^2 y^{(e)}}{\partial \xi^2} = \sum_{j=1}^{r} \frac{\partial^2 N_j^{(e)}}{\partial \xi^2} y_j^{(e)} \tag{4.76}$$

$$\frac{\partial^2 y^{(e)}}{\partial \xi \partial \eta} = \sum_{j=1}^{r} \frac{\partial^2 N_j^{(e)}}{\partial \xi \partial \eta} y_j^{(e)} \tag{4.77}$$

Analizando los términos que componen la expresión (4.62) y relacionando éstos con las ecuaciones, desde (4.65) hasta (4.77), se puede observar que todos ellos dependen de las segundas derivadas parciales con respecto a las variables locales ξ y η, de la siguiente manera:

$$\frac{\partial^2 \widetilde{\phi}^{n(e)}}{\partial \xi^2} \; ; \; \frac{\partial^2 x^{(e)}}{\partial \xi^2} \; ; \; \frac{\partial^2 y^{(e)}}{\partial \xi^2} \quad \text{dependen de} \quad \frac{\partial^2 N_j^{(e)}}{\partial \xi^2} \qquad j = 1,......r$$

$$\frac{\partial^2 \widetilde{\phi}^{n(e)}}{\partial \eta^2} \; ; \; \frac{\partial^2 x^{(e)}}{\partial \eta^2} \; ; \; \frac{\partial^2 y^{(e)}}{\partial \eta^2} \quad \text{dependen de} \quad \frac{\partial^2 N_j^{(e)}}{\partial \eta^2} \qquad j = 1,........r$$

$$\frac{\partial^2 \widetilde{\phi}^{n(e)}}{\partial \xi \partial \eta} \; ; \; \frac{\partial^2 x^{(e)}}{\partial \xi \partial \eta} \; ; \; \frac{\partial^2 y^{(e)}}{\partial \xi \partial \eta} \quad \text{dependen de} \quad \frac{\partial^2 N_j^{(e)}}{\partial \xi \partial \eta} \qquad j = 1,........r$$

Por ejemplo, para el triángulo lineal, la expresión (4.62) mediante la sustitución de todos los valores en (4.68), se define de la siguiente manera:

$$\begin{Bmatrix} \dfrac{\partial^2 \widetilde{\phi}^{n(e)}}{\partial x^2} \\[2mm] \dfrac{\partial^2 \widetilde{\phi}^{n(e)}}{\partial x \partial y} \\[2mm] \dfrac{\partial^2 \widetilde{\phi}^{n(e)}}{\partial y^2} \end{Bmatrix} = \left[\mathbf{J}_2^{(e)} \right]^{-1} \begin{Bmatrix} 0 \\ 0 \\ 0 \end{Bmatrix} \qquad (4.62a)$$

Por lo tanto para este caso en particular, aplicando (4.62a) en (4.13) y por consecuencia en (4.28), se concluye lo siguiente:

$$\widehat{F}_1 \left(\widetilde{\phi}^{n(e)} \right) = 0$$

Esto último implica que si se utiliza el triángulo lineal para el análisis del gas, la función F_1 se invalida, igualándose a cero. Es decir, el triángulo lineal no es capaz de tomar en cuenta el efecto de compresibilidad del fluido. Concluimos entonces que para el análisis de flujo compresible, queda descartado el elemento triangular lineal para ser utilizado al seccionar el dominio Ω.

Para el elemento cuadrilátero lineal se tiene lo siguiente:

$$
\left\{
\begin{array}{c}
\dfrac{\partial^2 \tilde{\phi}^{n(e)}}{\partial x^2} \\[2ex]
\dfrac{\partial^2 \tilde{\phi}^{n(e)}}{\partial x \partial y} \\[2ex]
\dfrac{\partial^2 \tilde{\phi}^{n(e)}}{\partial y^2}
\end{array}
\right\}
=
\left[\mathbf{J}_2^{(e)} \right]^{-1}
\left\{
\begin{array}{c}
0 \\[2ex]
0 \\[2ex]
\dfrac{\partial^2 \tilde{\phi}^{n(e)}}{\partial \xi \partial \eta} - \left(\dfrac{\partial^2 x^{(e)}}{\partial \xi \partial \eta} \right) \dfrac{\partial \tilde{\phi}^{n(e)}}{\partial x} - \left(\dfrac{\partial^2 y^{(e)}}{\partial \xi \partial \eta} \right) \dfrac{\partial \tilde{\phi}^{n(e)}}{\partial y}
\end{array}
\right\}
$$

$$(4.62\text{b})$$

Para este caso la función F_1 no se anula y al ser sustituídos los valores $\overline{\phi}^{n(e)}$ en ella, dicha función se convierte en una expresión de x y de y, pero se puede observar en (4.62b) que dos elementos del vector de la derecha se hacen cero.

Para los elementos triangular y cuadrilátero cuadráticos no hay restricción para ser utilizados en el análisis de flujo compresible.

La expresión (4.35) en función de las variables locales y aplicando (4.48), se puede expresar de la siguiente manera:

$$
\left[R^{(e)} \right] = \int_\Omega [A(\xi,\eta)] |\mathbf{J}| \, d\xi \, d\eta + \int_{\Gamma_1} [B(\xi,\eta)] \, d\hat{\Gamma}_1
$$

$$(4.78)$$

Donde A es una función constituida por las funciones de forma en términos de las coordenadas locales. B está en función de las caras de los elementos.

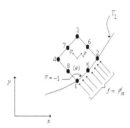

Figura 4.4   Elemento cuadrilátero cuadrático Serendipity sometido a influencia externa.

La figura 4.4 muestra un elemento cuadrilátero cuadrático en donde una cara de éste está sometida a una influencia externa, para el caso particular de flujo, esta influencia puede ser el vector velocidad, por ejemplo.

El segundo término de la derecha de la ecuación (4.78), se integra sobre una línea (cara del elemento). Por ejemplo: en el caso de la figura 4.4, este segundo término se integraría sobre el segmento $\overline{1\,5\,2}$, para ello se sustituye el valor $\eta = -1$ tanto en las funciones de forma (4.39), como en el jacobiano correspondiente.

Figura 4.5   Diferencial de longitud de arco

La figura 4.5 muestra como para un diferencial de contorno se puede aplicar el teorema de pitágoras sin incurrir en mucho error. Esto último se puede definir de la siguiente manera:

$$d\,\Gamma_1 = \sqrt{(dx)^2 + (dy)^2} \tag{4.79}$$

Las derivadas totales en la ecuación (4.79) se definen de la siguiente manera:

$$dx = \frac{\partial x}{d\xi}\,d\xi + \frac{\partial x}{\partial \eta}\,d\eta$$

$$\tag{4.80}$$

$$dy = \frac{\partial y}{d\xi}\,d\xi + \frac{\partial y}{\partial \eta}\,d\eta$$

Por lo tanto el jacobiano para cualquier cara del elemento se expresa en la siguiente forma:

$$d\,\Gamma_1 = \sqrt{\left(\frac{\partial x}{\partial \xi}\,d\xi + \frac{\partial x}{\partial \eta}\,d\eta\right)^2 + \left(\frac{\partial y}{\partial \xi}\,d\xi + \frac{\partial y}{\partial \eta}\,d\eta\right)^2}$$

$$\tag{4.81}$$

Sustituyendo los componentes del jacobiano (4.44) en (4.81) se llega a lo siguiente:

$$d\,\Gamma_1 = \sqrt{\left[J_{11}^{(e)}(\xi,\eta)d\xi + J_{21}^{(e)}(\xi,\eta)d\eta\right]^2 + \left[J_{12}^{(e)}(\xi,\eta)d\xi + J_{22}^{(e)}(\xi,\eta)d\eta\right]^2}$$
(4.82)

Por ejemplo, para el elemento de la figura 4.4 donde $\eta = -1$ y $d\eta = 0$, el jacobiano correspondiente es el siguiente:

$$d\,\Gamma_1 = J_{\Gamma}^{(e)}(\xi,-1)\,d\,\xi$$

Donde:

$$\mathbf{J}_{\Gamma}^{(e)}(\xi,-1) = \sqrt{\left[\mathbf{J}_{11}^{(e)}(\xi,-1)\right]^2 + \left[\mathbf{J}_{12}^{(e)}(\xi,-1)\right]^2}$$

En la mayoría de los casos, la integración analítica queda descartada debido a la complejidad de las ecuaciones resultantes y es por ello que se integra numéricamente. Para ello el método usual es por medio de cuadraturas gaussianas donde se hace uso de la siguiente fórmula gaussiana unidimensional:

$$I = \int_a^b f(x)dx = \frac{1}{2}(b-a)\int_{-1}^1 \varsigma(s)ds$$
(4.83)

Donde se definió el siguiente cambio de variable:

$$x(s) = \frac{1}{2}(b-a)s + \frac{1}{2}(b+a)$$

Y la función se puede expresar así:

$$f(x) = f\left[\frac{1}{2}(b-a)s + \frac{1}{2}(b+a)\right] \equiv \varsigma(s)$$

Gauss demostró que la integral de la ecuación (4.84) se puede aproximar convenientemente de la siguiente manera:

$$\int_{-1}^{1} \varsigma(s)\,ds \approx \sum_{i=1}^{n} W_i \varsigma(s_i)$$

Donde W_i y s_i representan los pesos y las coordenadas de los n puntos gaussianos respectivamente, para los cuales existen tablas. Para un número mayor de dimensiones, por ejemplo para tres dimensiones, se obtiene la siguiente expresión:

$$I = \int_{-1}^{1}\int_{-1}^{1}\int_{-1}^{1} \varsigma(s,r,t)\,ds\,dr\,dt \approx \sum_{i=1}^{n}\sum_{j=1}^{n}\sum_{k=1}^{n} W_i W_j W_k \varsigma(s_i,r_j,t_k) \qquad (4.84)$$

Esta última ecuación integra un cubo en el espacio local. Para el cuadrilátero de la figura 4.3, se utiliza la expresión correspondiente a dos dimensiones.

Existen fórmulas de integración especiales para elementos triangulares. La expresión general se expresa de la siguiente manera:

$$\int_{\Omega^{(e)}} r^m s^p \, d\Omega^{(e)} = 2\Delta \frac{m!\,p!}{(2+m+p)!} \qquad (4.85)$$

Donde Δ es el área del triángulo, m y p son las potencias a las que estén elevadas las variables r y s.

La integración sobre el elemento "e", en (4.34) y (4.35), para el elemento cuadrilátero se expresa a continuación.

$$[k^e] = \sum_{q=1}^{Q} W_q[g(\xi,\eta)]|\mathbf{J}^{(e)}| + E \qquad (4.86)$$

$$[R^e] = \sum_{q=1}^{Q} W_q[A(F,\xi,\eta)]|\mathbf{J}^{(e)}| + \sum_{1}^{q} W_q[B(\xi,\eta)]|\mathbf{J}_\Gamma^{(e)}| + E_2 \qquad (4.87)$$

Donde Q es el número de puntos gaussianos, E el error de cuadratura, para el cual no se tienen valores exactos. La función $g(\xi, \eta)$ es el integrando de la expresión (4.34), la función $A(\xi, \eta)$ es el integrando del primer término del lado derecho en la expresión (4.35). Por último, la función $B(\xi, \eta)$ es el integrando del segundo término de la derecha de la misma expresión (4.35).

El ensamble resulta de aplicar la ecuación (4.18) a todo el desarrollo anterior a partir de la ecuación (4.19). Es decir las ecuaciones (4.86) y (4.87) producen un sistema lineal de ecuaciones por elemento, al aplicar la ecuación (4.18) las matrices de cada elememto, se ensamblan (se suman las contribuciones de cada uno) justo en los puntos (nodos) comunes a los respectivos elementos. Dicho ensamble es el resultado de aplicar las condiciones de frontera interelementales.

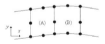

Figura 4.6 (a):   Ensamble de los elementos reales (A) y (B).

Figura 4.6 (b):   Ensamble de elementos isoparamétricos (A) y (B).

Las condiciones de frontera interelementales son las condiciones de frontera Neumann (natural) y Dirichlet (escencial) pero para un sólo elemento. La figura 4.6 (a), muestra el ensamble de dos elementos cuadriláteros cuadráticos en el dominio real. La figura 4.6 (b) es el ensamble de los elementos isoparamétricos, como se puede observar en dicha figura, los nodos en cada elemento tienen su numeración local. Por ejemplo: el nodo seis para el elemento (A), es el nodo ocho para el elemento (B). Por lo tanto las condiciones de frontera escenciales interelementales para los elementos (A) y (B) se definen de la siguiente manera:

$$\phi^{(A)}\left(\overline{2\ 6\ 3}\right) = \phi^{(B)}\left(\overline{1\ 8\ 4}\right) \tag{4.88}$$

Donde $\overline{2\ 6\ 3}$ y $\overline{1\ 8\ 4}$ son los segmentos compuestos por los nodos numerados localmente para el elemento (A) y (B) respectivamente, como se muestra en la figura 4.6 (b).

La aplicación de las condiciones de frontera interelementales asegura la continuidad entre los elementos. Es importante aclarar que al igualar los valores en los tres puntos discretos (nodos), se iguala el valor en toda la cara del elemento, ésto sucede debido a que una línea recta queda definida por dos puntos. De manera que si estos dos puntos son iguales, luego entonces la recta es la misma. Esta definición es uno de los argumentos más fuertes para el uso de elementos isoparamétricos ya que todas las caras de estos elementos son líneas rectas.

La condición de frontera natural interelemental se define de la siguiente manera:

$$\frac{\partial \phi^{(A)}}{\partial n} - \frac{\partial \phi^{(B)}}{\partial n} = 0 \tag{4.89}$$

Esta condición de frontera es muy práctica debido a que cuando se aplica la condición de frontera (4.88), ensamblando las matrices de los elementos, la ecuación (4.89) aparece en el vector carga y como su valor es cero no hay necesidad de alterar el sistema de ecuaciones.

El ensamble produce el sistema general de ecuaciones K, a resolver para los parámetros: $\bar{\phi}_1, \bar{\phi}_2, ... \bar{\phi}_r, ... \bar{\phi}_M$

4.4.1 Solución a Problema que Involucra la Ecuación de Poisson

Una parte de la formulación vista a lo largo de este capítulo está incorporada en un programa en lenguaje FORTRAN, típico para solución de problemas para el MEF, denominado MODEL [Akin (1984)]. La otra parte de la formulación, aquella que involucra la compresibilidad del gas, es decir, aquella que involucra a la función $F(\phi^n)$, se diseñó y se incorporó como subrutinas a el programa MODEL, estas subrutinas se presentan en el anexo del presente texto.

A modo de prueba de la eficiencia del programa y las nuevas subrutinas incorporadas a éste, se experimentó en la solución de un problema cualquiera que tenga la forma de la ecuación de Poisson con sus respectivas condiciones de frontera, este problema por lo tanto, no tiene una interpretación física, es simplemente un modelo de prueba a la herramienta. Se escoge el tipo de

Poisson, por que es de este tipo, precisamente, la técnica iterativa para resolver la ecuación de campo con sus respectivas condiciones de frontera.

El problema con valores en la frontera está gobernado por la siguiente ecuación de Poisson:

$$\nabla^2 \phi = 12xy$$

Y sus respectivas condiciones de frontera:

$$\phi = 0 \quad \text{en} \quad x = 0$$

$$\phi = 0 \quad \text{en} \quad y = 0$$

$$\phi = 8y + 2y^3 \quad \text{en} \quad x = 2.0$$

$$\frac{\partial \phi}{\partial x} = 3x^2 + 1 \quad \text{en} \quad y = 1.0$$

El problema con valores en la frontera se muestra en la figura 4.7, el cual consiste en un cuadrado limitado al siguiente rango:

$$0.00 \leq x \leq 2.00$$

$$0.00 \leq y \leq 1.00$$

Una solución al problema planteado es la siguiente:

$$\phi = x^3 y + xy^3$$

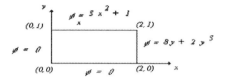

Figura 4.7:   Problema con valores en la frontera.

La malla para el MEF, se hizo de 8 elementos y 37 nodos. La tabla 4.1 muestra los resultados, comparando la solución numérica contra la solución analítica.

La tabla 4.1 muestra que el porciento de error mayor es de 0.81%, considerando que para este tipo de problemas, una solución numérica aceptable debe tener un valor cercano al 4% de error, se puede concluir que la solución numérica, para este caso, es ampliamente aceptable, demostrando a su vez, que el programa de cómputo es robusto para el análisis de flujo compresible.

Tabla 4.1:Soluciones numérica y analítica para ecuación de Poisson

x	y	analítica	numérica	% error
0.0000	0.0000	0.0000	0.0000	0.0000
0.0000	0.2500	0.0000	0.0000	0.0000
0.0000	0.5000	0.0000	0.0000	0.0000
0.0000	0.7500	0.0000	0.0000	0.0000
0.0000	1.0000	0.0000	0.0000	0.0000
0.2500	0.0000	0.0000	0.0000	0.0000

x	y	analítica	numérica	% error
0.2500	0.5000	0.039060	0.039070	0.0200
0.2500	1.0000	0.265600	0.264900	0.2600
0.5000	0.0000	0.000000	0.000000	0.0000
0.5000	0.2500	0.039060	0.038740	0.8100
0.5000	0.5000	0.125000	0.124300	0.5600
0.5000	0.7500	0.030460	0.030500	0.1300
0.5000	1.0000	0.625000	0.626000	0.1600
0.7500	0.0000	0.000000	0.000000	0.0000
0.7500	0.5000	0.030460	0.030470	0.0300
0.7500	1.0000	1.171800	1.169900	0.1600
1.0000	0.0000	0.000000	0.000000	0.0000
1.0000	0.2500	0.265600	0.264900	0.2600
1.0000	0.5000	0.625000	0.623700	0.2000
1.0000	0.7500	1.171800	1.172600	0.0600
1.0000	1.0000	2.000000	2.000000	0.0000
1.2500	0.0000	0.000000	0.000000	0.0000
1.2500	0.5000	1.132800	1.132800	0.0000
1.2500	1.0000	3.203100	3.199900	0.0900
1.5000	0.0000	0.000000	0.000000	0.0000
1.5000	0.2500	0.867100	0.866400	0.0800
1.5000	0.5000	1.875000	1.873100	0.1000
1.5000	0.7500	3.164000	3.164800	0.0200
1.5000	1.0000	4.875000	4.878800	0.0700
1.7500	0.0000	0.000000	0.000000	0.0000
1.7500	0.5000	2.898400	2.898800	0.0100
1.7500	1.0000	7.109300	7.103500	0.0800
2.0000	0.0000	0.000000	0.000000	0.0000
2.0000	0.2500	2.031200	2.031200	0.0000
2.0000	0.5000	4.250000	4.250000	0.0000
2.0000	0.7500	6.843700	6.843700	0.0000
2.0000	1.0000	10.0000	10.0000	0.0000

4.4.2   Solución a Flujo Alrededor de un Cilindro

El problema consiste en obtener el perfil de velocidades de flujo alrededor de un cilindro situado en un dominio infinito, es decir, como se muestra en la figura 4.8, la única perturbación del sistema es el cilindro.

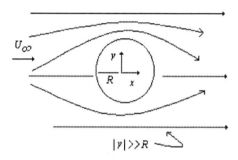

Figura 4.8:   Flujo alrededor de un cilindro

Fijar a priori unas coordenadas para las cuales el efecto del cilindro sobre las líneas de corriente desaparezca, resulta imposible. Se desconoce dicha distancia debido a que intervienen múltiples factores en ello, entre otros, la velocidad del flujo, el radio R del cilindro, etc. Las líneas rectas en la figura 4.8 se fijan a una distancia mucho mayor a la distancia que representa el radio del cilindro.

El flujo va de izquierda a derecha y las condiciones de frontera se establecen en función de las distancias en las que el cilindro deja de afectar al sistema.

La solución analítica en función del potencial de velocidad es la siguiente [Bird et al (1980)]:

$$\phi(x, y) = U_\infty x \left(1 + \frac{R^2}{x^2 + y^2} \right) \tag{4.90}$$

Los valores en la frontera se definen de la siguiente manera:

$$\frac{\partial \phi}{\partial n} = U_{\infty} \quad \text{en} \quad x = -x_b$$

$$\frac{\partial^2 \phi}{\partial n} = 0 \quad \text{en} \quad y = \begin{cases} y_b \\ 0 \end{cases} \quad (4.91)$$

$$\phi = \text{cte.} \quad \text{en} \quad x = 0$$

Donde x_b y y_b son las coordenadas en las que se sitúan las fronteras

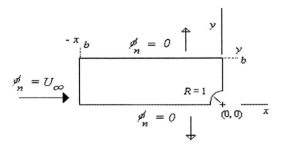

Figura 4.9:   Esquema de las condiciones de frontera para flujo alrededor de un cilindro.

La ecuación (4.90) puede expresarse en forma adimencional de la siguiente manera:

$$\Phi(X,Y) = X\left(1 + \frac{1}{X^2 + Y^2}\right) \quad (4.92)$$

$$\Phi(X,Y) = X\left(1 + \frac{1}{X^2 + Y^2}\right)$$

$$\Phi(X,Y) = \frac{\phi(x,y)}{U_\infty R} \tag{4.93}$$

Para esto es necesario que se cumpla con lo siguiente:

$$X = \frac{x}{R} \quad ; \quad Y = \frac{y}{R}$$

Los vectores velocidad quedan definidos por las siguientes ecuaciones:

$$\frac{\partial \Phi}{\partial X} = \left[\frac{2X^2}{(X^2 + Y^2)^2}\right] - \left(1 + \frac{1}{X^2 + Y^2}\right) \tag{4.94}$$

$$\frac{\partial \Phi}{\partial Y} = \frac{2XY}{(X^2 + Y^2)^2} \tag{4.95}$$

Finalmente si se define, por comodidad $R = 1$, utilizando desde (4.90) hasta (4.95), se llega a las siguientes expresiones:

$$\frac{\partial \phi}{\partial x} = U_\infty \frac{\partial \Phi}{\partial X}$$

$$\frac{\partial \phi}{\partial y} = U_\infty \frac{\partial \Phi}{\partial Y} \tag{4.96}$$

Observando la figura 4.9 y las ecuaciones (4.94), (4.95) y (4.96) y fijando
nuestro análisis en $x = 0$, se obtiene lo siguiente:

$$u = \frac{\partial \phi}{\partial x} = U_\infty + \frac{U_\infty}{y^2} \quad \therefore \quad u = U_\infty \Leftrightarrow y \to \infty \qquad (4.97)$$

La expresión (4.97) justifica la condición de frontera para el eje vertical.
Para el desarrollo de la solución numérica, sabiendo que la solución analítica
es para un campo infinito, es necesario que el problema se circunscriba a un
dominio finito. Se sabe que el efecto de la perturbación va disminuyendo
conforme las capas del fluido se alejan del cilindro. Para determinar las
distancias adecuadas para fijar las condiciones frontera, es necesario trabajar
el problema sucesivamente con diferentes mallas hasta obtener una, cuyos
resultados se asemejen a los de la solución analítica, o una cuyos resultados
no mejoren comparados con los resultados de la malla anterior.las
condiciones frontera son:

$$\frac{\partial \phi}{\partial n} = -U_\infty \quad \text{en} \quad A; \quad \frac{\partial \phi}{\partial n} = 0 \quad \text{en} \quad B, C \text{ y en E}; \quad \phi = \text{cte.} \quad \text{en D}$$

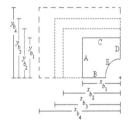

Figura 4.10   Dominios diferentes para flujo alrededor de un cilindro.

En la figura 4.10 se muestran diferentes distancias (x_{b1}, y_{b1}) hasta (x_{b4}, y_{b4}) para situar las condiciones frontera respectivamente.

La solución numérica se obtuvo utilizando el programa de cómputo ya mencionado, con las mencionadas subrutinas para flujo compresible.

Se utilizaron seis diferentes mallas, ver tabla 4.2, incorporando diferente número de nodos por malla. Es de esperarse que mientras mayor es el número de nodos, se incrementa la eficiencia de la malla.

Los datos utilizados son: $R = 1$ y $U_\infty = 1$

Tabla 4.2:   Mallas utilizadas para flujo alrededor de un cilindro

Malla	x_b, y_b	No. Nodos
1	(2, 2)	1750
2	(2.5, 2.5)	1986
3	(3, 3)	2385
4	(3.5, 3.5)	2681
5	(4, 4)	3001
6	(4.5, 4.5)	3345

En figura 4.11 se muestra la malla utilizada para resolver el problema de flujo compresible.

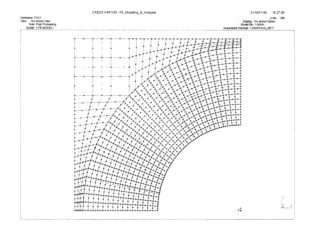

Figura 4.11:   Malla No. 1 para flujo alrededor de un cilindro

Estas mallas se elaboran en paquetes de cómputo especializados en FEM, en este caso es el paquete: CAEDS. En este paquete se genera la malla y su respectiva topología y se grafican los resultados como vectores velocidad.

En la figura 4.12 se presenta la distribución de los vectores velocidad en toda la región cercana al cilindro. Como era de esperarse los vectores de mayor magnitud se localizan en la región (ED de figura 4.10) de mayor perturbación. En esa región (punto p_k en figura 4.13) se alcanzan valores hasta de $v = 2.14$, cuando $U_\infty = 1$. Es decir, en esa región se duplicó la velocidad con respecto a la velocidad de entrada a la perturbación. Para el caso particular de la Fig.4.12 se utilizó $U_\infty = 0.5$ y se alcanzan valores hasta de $v = 1.07$.

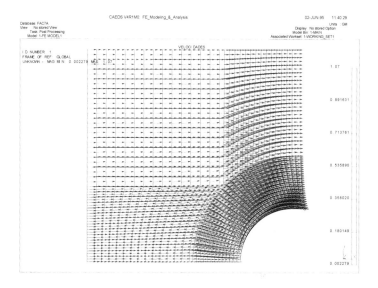

Figura 4.12:   Malla No. 5 ; gráfica de vectores velocidad.

La figura 4.13 muestra la distribución de presiones en la región analizada.

Figura 4.13:   Distribución de presiones en región analizada.

Donde: $p_a > p_b > p_d > p_j > p_k$; la presión menor registrada es justo donde se registra la mayor velocidad en el punto p_k, lo cual es de esperarse, cumpliendo con el efecto Venturi.

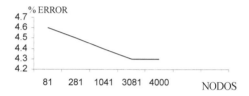

Figura 4.14:   Gráfica % Error Vs. No. de Nodos

En la gráfica de la figura 4.14 se muestra la relación entre la eficiencia de los resultados obtenidos contra el número de nodos por malla.

4.4.3   Solución a Flujo Alrededor de una Sinuosidad

El flujo alrededor de una sinuosidad queda definido por el tipo de sinuosidad, es decir, por la función matemática que cumpla con esa geometría.

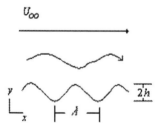

Figura 4.15:   Flujo alrededor de una sinuosidad.

La ecuación que define la sinuosidad de la pared inferior es la siguiente:

$$y_s = h \cos\left(\frac{2\pi x}{\lambda}\right) e^{\frac{-2\pi \beta y}{\lambda}} \qquad (4.98)$$

La teoría de linearización [Shapiro (1976)] establece que los patrones de flujo deben ser considerados como una composición de dos tipos de flujo, el perturbado más el normal (no perturbado):

$$\phi = U_{\infty} x + \varphi \qquad (4.99)$$

Donde ϕ es el potencial de velocidad, U_∞ y φ son la velocidad en una región donde no afecta la perturbación y el potencial de velocidad de perturbación, respectivamente.

Las componentes de velocidad quedan definidas por las siguientes expresiones:

$$\phi_x = U_{\infty} + \varphi_x$$

$$\phi_y = \varphi_y \qquad (4.100)$$

La solución analítica para el problema expuesto es la siguiente:

$$\varphi = \frac{U_{\infty}}{\beta} h \left(sen \frac{2\pi x}{\lambda} \right) e^{\frac{-2\pi \beta y}{\lambda}} \qquad (4.101)$$

$$\varphi_x = \frac{U_\infty h}{\beta} \frac{2\pi}{\lambda} \left(\cos \frac{2\pi x}{\lambda} \right) e^{\frac{-2\pi \beta y}{\lambda}}$$

(4.102)

$$\varphi_y = -U_\infty h \frac{2\pi}{\lambda} \left(sen \frac{2\pi x}{\lambda} \right) e^{\frac{-2\pi \beta y}{\lambda}}$$

(4.103)

Donde:

$$\beta = \sqrt{1 - M_\infty^2} \quad M_\infty = \frac{U_\infty}{c_\infty}$$ (4.104)

El número Mach M_∞ y la velocidad del sonido c_∞, quedan referenciados en una región lejana a la sinuosidad.

Al igual que en la sección anterior el problema tiene que resolverse numéricamente para diferentes mallas. Las condiciones frontera son las ya mencionadas:

$$\frac{\partial \phi}{\partial n} = 0 \quad ; \quad \frac{\partial \phi}{\partial n} = -U_\infty \quad ; \quad \phi = \text{cte.}$$

Tabla 4.3:   Mallas utilizadas para flujo alrededor de una sinuosidad.

Malla	x_b, y_b **No. Nodos**	
1	(2.5, 2.5)	677
2	(5.0, 5.0)	1241
3	(7.5, 7.5)	1853
4	(10, 10)	2513
5	(15, 15)	3977

La figura 4.16 muestra la malla No. 5 para desarrollar el problema expuesto.

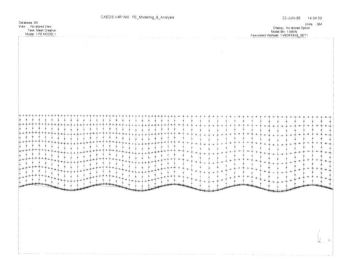

Figura 4.16:   Malla No. 5 para flujo alrededor de una sinuosidad..

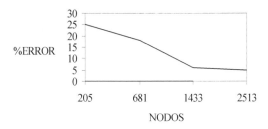

Figura 4.17:   Gráfica de No. nodos Vs. % Error para flujo alrededor de una sinuosidad.

La figura 4.17 muestra la precisión de la solución al problema planteado, según lo refinado de la malla.

Lo importante de todo este análisis es que se pudo comparar para dos diferentes tipos de problema, las soluciones analíticas con sus respectivas soluciones numéricas. En ambos casos el por ciento de error estuvo en el rango del 4%, uno de precisión aceptable. Esto implica, entonces, que el modelo numérico que se ha estado utilizando es lo suficientemente preciso, para ser utilizado con confianza en cualquier otro tipo de problemas de la física, aunque se carezca de solución analítica.

4.5   Formulación para Transferencia de Calor

El procedimiento para este caso es similar al visto para flujo compresible, pero ahora la propiedad física es la temperatura. La función aproximación está definida de la siguiente manera:

$$\widetilde{T}^{(e)}(x, y) = \sum_{j=1}^{r} N_j^{(e)} \overline{T}_j^{(e)} = \lfloor N^{(e)} \rfloor \{ \overline{T}^{(e)} \} \tag{4.105}$$

De (4.105) se deduce lo siguiente:

$$\frac{\partial \widetilde{T}}{\partial x} = \sum_{j=1}^{r} \frac{\partial N_j^{(e)}}{\partial x} T_j^{(e)} = \left\lfloor \frac{\partial N^{(e)}}{\partial x} \right\rfloor \{T^{(e)}\}$$

(4.106)

$$\frac{\partial \widetilde{T}}{\partial y} = \sum_{j=1}^{r} \frac{\partial N_j^{(e)}}{\partial y} T_j^{(e)} = \left\lfloor \frac{\partial N^{(e)}}{\partial y} \right\rfloor \{T^{(e)}\}$$

Lewis et al (1996) presentan una variada gama de formulaciones del MEF para diferentes tipos de transferencia de calor, es decir, transferencia por conducción, por convección, etc.

Haciendo un paréntesis, primero se desea utilizar el modelo del presente texto, para conducción, resolviendo el problema planteado por[Lewis et al (1996)], que presenta la siguiente formulación:

$$K^{(e)} T^{(e)} = M^{(e)} Q^{(e)} - q^{(e)}$$
(4.107)

Donde

$$\left[K^{(e)} \right] = \int_{\Omega^{(e)}} \left\{ \left\lfloor \frac{\partial N^{(e)}}{\partial x} \right\rfloor^T \left\lfloor \frac{\partial N^{(e)}}{\partial x} \right\rfloor + \left\lfloor \frac{\partial N^{(e)}}{\partial y} \right\rfloor^T \left\lfloor \frac{\partial N^{(e)}}{\partial y} \right\rfloor \right\} d\Omega^{(e)}$$

$$\left[M^{(e)} \right] = \int_{\Omega^{(e)}} \left\lfloor N^{(e)} \right\rfloor^T \left\lfloor N^{(e)} \right\rfloor \{Q^{(e)}\} d\Omega^{(e)}$$
(4.108)

$$\left[q^{(e)} \right] = \int_{\Gamma_3^{(e)}} \left\lfloor N^{d(e)} \right\rfloor \{q^{(e)}\} N_i^{d(e)} d\Gamma_3^{(e)}$$
(4.109)

Se tiene además que las funciones se manejan de la siguiente forma:

$$\tilde{Q}^{(e)} = \sum_{j=1}^{r} N_j^{(e)} \overline{Q}_j^{(e)} = \left\lfloor N^{(e)} \right\rfloor \left\{ \overline{Q}^{(e)} \right\}$$

(4.110)

$$\tilde{q}^{(e)} = \sum_{j=1}^{nd} N_j^{d(e)} q_j^{(e)} = \left\lfloor N^{d(e)} \right\rfloor \left\{ q^{(e)} \right\}$$

Las condiciones de frontera (ver fig.4.18) son las siguientes:

$$\frac{\partial T}{\partial n} = q \quad \text{en} \quad \Gamma_3 \quad ; \quad \frac{\partial T}{\partial n} = 0 \quad \text{en} \quad \Gamma_4$$

$$T = \text{cte.} \quad \text{en} \quad \Gamma_2 \quad ; \quad T = g(x) \quad \text{en} \quad \Gamma_1$$
(4.111)

4.5.1   Solución a Distribución de Temperaturas en una Región

El siguiente es un problema que presenta la distribución de temperaturas en una determinada región [Lewis et al (1996)]:

Considérese el problema de obtener la distribución de temperaturas en una región Ω, representada por el cuadrante de un círculo anular con un radio interior $R = 1$ y un radio exterior $R = 2$, como se muestra en la figura 4.18. El origen del sistema de coordenadas (x, y), es concéntrico para los círculos que forman el anillo de manera que $R^2 = x^2 + y^2$. La región está hecha de un material con una conductividad térmica constante $k = 2$, dentro del material se está generando calor a razón de $Q = 4(x^2 + y^2)$ por unidad de área. En la frontera $R = 1$, la temperatura está definida por: $T = g(x) = 10 - x^2 - x^4$, mientras que para la frontera $y = 0$, la temperatura se mantiene en $T = 10$. El valor para el flujo de calor se especifica en el resto de las fronteras, como $q = 4x^2 y^2$ en $R = 2$ y $q = 0$ en $x = 0$

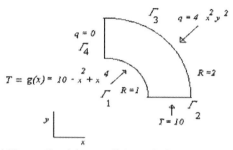

Figura 4.18:   Dominio y condiciones de frontera.

Se muestra en la tabla 4.4 la solución numérica que presentó el autor para dos y cuatro elementos y se adiciona la solución numérica que se obtuvo con el modelo utilizado en este texto, para ocho elementos. También se presenta en la mencionada tabla, la solución analítica.

Tabla 4.4:   Comparación de soluciones numéricas y solución analítica

Nodo Fig (a)	Nodo Fig(b)	Solución analítica	dos E	cuatro E	% Error	ocho E	% Error
7	11	9.3672		8.4031	10.29	9.3214	0.48
8	13	8.0000	7.1020	7.1395	10.75	7.9978	0.02
10	18	9.3896		8.7950	6.33	9.3917	0.02
11	19	8.7344	7.7074	7.7302	11.49	8.7113	0.26
12	20	7.6553		6.7418	11.93	7.6618	0.08
13	21	6.0000	5.1168	5.5084	8.19	5.9745	0.42

En la tabla 4.4 la comparación se hace en puntos específicos (nodos) que se muestran en las figuras 4.19 (a), cuyo dominio se divide en cuatro elementos y veintiún nodos y la figura 4.19 (b), que el dominio se divide en ocho elementos y treinta y siete nodos.

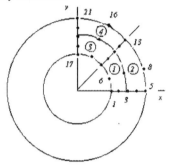

Figura 4.19(a):   Dominio dividido en cuatro elementos, 21 nodos.

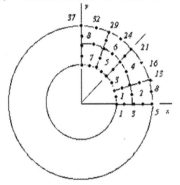

Figura 4.19(b):   Dominio dividido en ocho elementos, treinta y siete nodos.

Como sabemos, la numeración de los nodos sigue un procedimiento determinado por lo que el nodo diez en la figura 4.19(a), viene a ser el nodo dieciocho en la figura 4.19(b), sin embargo, en realidad es el mismo punto con las mismas coordenadas; por lo tanto el valor de la temperatura justo en ese punto (x, y), debe ser el mismo para ambos.

De la observación de la tabla 4.4, se puede concluir que la solución numérica para ocho elementos resulta bastante satisfactoria en lo que a precisión se refiere, con un error máximo del 0.5% aproximadamente.

4.6   Formulación para Gas Real

Las formulaciones expuestas a lo largo de este capítulo se utilizan ahora para establecer la solución al problema de la expansión de gas real. Para la solución trataremos dos términos que componen al fenómeno termodinámico: la difusión de calor en el gas y la convección surgida. Supongamos el problema descrito en figura 1.1.

El primer término de los mencionados, lo obtenemos de la ecuación (1.8) que bien puede representarse por el MEF como sigue:

$$K^{(e)}T^{(e)} = q^{(e)} \qquad (4.112)$$

Según la teoría expuesta en el capítulo uno, en el término difusivo va implícito el cambio de entalpía del gas, pero no la Entalpía Residual, misma que provoca el momentun. De manera que podemos plantear lo siguiente:

$$\Delta \hat{H}_R^{(e)} = q^{(e)} - K^{(e)}T^{(e)} \qquad (4.113)$$

De (1.12), (3.17) y (3.21a) podemos concluir que $\Delta \hat{H}_R$ provoca el movimiento del gas, es decir, representa al término convectivo en (1.8).Utilizando (3.15), (3.21a), pero desarrollada para el MEF como en (4.33), se tiene lo siguiente:

$$K^{(e)}\phi^{(e)} - R^{(e)} = G^{(e)} = \frac{1}{c^2}\Delta \hat{H}_R^{(e)} \qquad (4.114)$$

Donde $f^{(e)} = 0$ en (4.10), (4.11), (4.16), (4.24), (4.29-4.33) y (4.35) ya que no existe flujo previo a la expansión o compresión del gas. Igualando (4.114) y (4.113) llegamos a lo siguiente:

$$q^{(e)} - K^{(e)}T^{(e)} = c^2 K^{(e)}\phi^{(e)} - c^2 R^{(e)} = c^2 G^{(e)} \qquad (4.115)$$

La ecuación (4.115) representa la formulación para el MEF, para resolver problemas de gas real de manera numérica.

Para comprender los términos de la izquierda y del centro en (4.115) no debe haber problema, pues son los vistos en las secciones 4.2-4.4 y 4.5, respectivamente.

El término de la derecha representa el cambio de densidad conforme transcurre el tiempo:

$$G^{(e)} = \frac{1}{\Delta t}\left(\rho^{n+1(e)} - \rho^{n(e)} \right) \qquad (4.116)$$

Las soluciones numéricas obtenidas a lo largo del texto han sido de manera iterativa, esta última no es la excepción, se procede igual:

Del término de la izquierda en (4.115) se obtiene $T^{n+1(e)}$ con (4.112), usando este último valor obtenemos $\rho^{n+1(e)}$. Una vez obtenidas las densidades se procede a obtener $G^{(e)}$, para finalmente, del término del centro en (4.115) calcular el $\phi^{n+1(e)}$ con (4.114). Con el potencial de velocidad se calculan: $u = \phi_x$ y $v = \phi_y$ Todo esto para un período Δt.

Las condiciones de frontera (ver fig.4.20) para (4.112) son las siguientes:

$$\frac{\partial T}{\partial n} = q \text{ en } \Gamma_2 \quad ; \quad \frac{\partial T}{\partial n} = 0 \text{ en } \Gamma_1 \text{ y } \Gamma_3 \qquad (4.117)$$

$$T = g_1(x) \text{ en } \Gamma_1 \quad ; \quad T = g_2(x) \text{ en } \Gamma_3 \qquad (4.118)$$

Las condiciones frontera para (4.114) son las que siguen:

$$\frac{\partial \phi}{\partial n} = 0 \quad \text{en} \quad \Gamma_1 \text{ y } \Gamma_2 \quad ; \quad \phi = \text{cte. en} \quad \Gamma_2$$

Una vez concluido el primer período y haber obtenido las velocidades de las capas concéntricas el problema inmediato es que, al expandirse el gas, necesariamente cambió el dominio Ω en $d\Omega$.

La figura 4.20 muestra el cambio del dominio, $d\Omega$. Para obtener la nueva frontera Γ_f, se obtienen los valores x_f y y_f

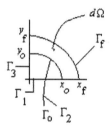

Figura 4.20:   Cambio de dominio $d\Omega$ en expansión de gas

La nueva frontera Γ_f, se arma con las coordenadas en Γ_o, (x_o, y_o) de la siguiente manera:

$$x_{\mathrm{f}}^{(e)} = u_0^{(e)} \Delta t + x_0^{(e)}$$

$$y_{\mathrm{f}}^{(e)} = \mathrm{v}_0^{(e)} \Delta t + y_0^{(e)}$$

(4.119)

Donde u_0 y v_0 son las velocidades obtenidas en (4.115) en Γo.

En la figura 4.21 se muestra como queda el nuevo elemento adicional para la nueva iteración.

Figura 4.21:   Elemento nuevo en cambio de dominio $d\Omega$

4.7   Conclusiones

En el presente capítulo se presentaron las soluciones numéricas que finalmente, utilizadas de manera conjunta, resuelven el problema de la expansión del gas real. Naturalmente que el problema en sección 4.6 puede ser modificado, incrementando su complejidad si consideramos por ejemplo, un flujo compresible viscoso. O bien podemos considerar rotacionalidad; también podría considerarse doble fase.

NOMENCLATURA

A	Área
c	Velocidad del sonido
C_p	Calor específico a presión constante
Cv	Calor específico a volumen constante
E	Energía
e	Elemento del MEF
F	Fuerza
G	Gravedad, Función de Densidad
H, h	Entalpía
$\hat{H}$	Entalpía másica
ΔH_R	Entalpía Residual
$\Delta \hat{H}_R$	Entalpía Residual másica
I	Funcional
$\mathbf{J}$	Jacobiano
k	Relación de calores específicos
K	Matriz de rigidez general del MEF
m	Masa
M	Número Mach
N	Funciones de forma
n	Iteración, o normal al plano
P	Presión
Pm	Peso molecular
Q, q	Calor
R	Constante universal de los gases
S	Entropía
$\mathbf{S}$	Superficie
t	Tiempo
T	Temperatura
u	Componente del vector velocidad en la dirección del eje x
U	Energía interna
v	Magnitud del vector velocidad
v	Vector velocidad
v	Componente del vector velocidad en la dirección del eje y
V	Volumen

$\tilde{V}$	Volumen molar
$\hat{V}$	Volumen másico
W	Trabajo
x	Coordenada horizontal
Y	Distancia vertical (altura)
y	Coordenada vertical
α	Ángulo
Δ	Diferencial delta
δ	Variación del funcional
Γ	Frontera del dominio
ρ	Densidad
μ	Viscosidad
ϕ	Potencial de velocidad
ψ	Función de corriente
τ	Esfuerzo cortante
Ω	Dominio

Notas: El subíndice o significa: de referencia o inicial
El subíndice ∞ significa al infinito

BIBLIOGRAFÍA

Allaire, (1975) *Basics of the Finite Element Method*, USA.

Akin, J.E. (1984) *Application and implementation of Finite Element Methods*, Academic Press, London

Bartlett, J.(1992) *Familiar Quotations*, Little, Brown and Company, USA

Bird, R.B. et al (1980) *Fenómenos de transporte*, Reverté, España

Burden, R.L. et al (1985) *Análisis Numérico*, Iberoamericana, México

Burnett, D.S. (1988) *Finite Element Analysis*, Addison-Wesley, USA.

Carter, J.E. (1972) *Numerical Solutions of the Navier-Stokes equations for the supersonic laminar flow over a two-dimentional compression corner*. NASA TR R-385, 21-29

Crane Co., *Flow of Fluids Through valves, fittings, and pipe*, USA.

Dechaumpai, *P. Mach 3 flow over flat plate: A comparison of Finite Element with Carter´s solution*. Tech. Rept. Mechanical Engineering and Mechanics Department. Old Dominion University. Norfolk VA.

Demkowiz, L. et al (1985) *On a h-type mesh refiniment strategy based on minimization of interpolation errors*. Comput. Meths. Appl. Mech. Engrg. 67-90

Devloo, Ph. et al (1985) *A fast vector algorithm for a matrix vector multiplication with the Finite Element Method*. TICOM Rep. University of Texas

Devloo, Ph. Oden J.T. and Pattani, P (1988) *An h-p adaptive Finite Element Method for the numerical simulation of compressible flow*. Computer methods in applied mechanics and engineering 203-233

Huebner, K.H. and Thornton, E.A. (1982) *The Finite Element Method for Engineers* (2nd edn.) John Wiley & Sons, New York.

Hughes, T.J.R. et al (1982) *A theorical framework for Petrov-Galerkin methods with discontinuos weighting functions application to the streamline-upwind procedure* 47-65.

Hughes, T.J.R. et al (1982) *A new Finite Element formulation for computational Fluid Dynamics.* Comput. Meths Appl. Mechs. Engrg. 58, 329-336.

Lewis, R.W. et al (1996) *The Finite Element Method in Heat Transfer Analysis.* John Wiley & Sons, England

Lohner, R., Morgan K. and Zienkiewicz (1984) *The solution of non linear hyperbolic equation systems by The Finite Element Method.* International Journal of Numerical Methods 4, 1043-1063.

Oden, J.T., Carey G.F. (1986) *Finite Elements* (The Texas Finite Element series) vols. 2, 3, 5 & 6 Prentice-Hall USA.

Oden, J.T., et al (1986) *Recent Advances in error estimation and adaptive improvement of Finite Element calculations.* Computational Mechanics. 369-410.

Oden, J.T., et al (1987) *Finite Element Method for high-speed flows: Consistent calculations of boundary flux.* Paper AIAA-87-0556. AAIA 25th. Aerospace sciences Meeting Reno NV.

Roberson, J.A. and Crowe, C. T. (1991) *Mecánica de fluidos.* McGraw Hill, México.

Shapiro, H. Asher (1976) *The Dynamics and Thermodynamics of Compressible Fluid Flow.* John Wiley & Sons, New York.

Smith J..M. and Van Ness H. C. (1987) *Introduction to Chemical Engineering Thermodynamics.* 4th edition, McGraw Hill, USA

Stasa F.L.S. (1985) *Applied Finite Element for Engineers*. Hwr, USA.
Villacorta, E. (1995*) Análisis de Problemas de Flujo Compresible Subsónico y no viscoso, en Estado Estacionario; Utilizando el Método de Elementos Finitos.* Tesis ITESM, Monterrey. México.

De Vries, G.P., Berard an D.H. Norrie (1970*) Application of the Finite Element Technique to compressible flow problems.* Report No. 18 Mechanical Engineering Department. University of Alberta Canada

Zienkiewiz (1980) *El Método de los Elementos Finitos*. Reverte, España.

APÉNDICE

Algunas subrutinas en lenguaje FORTRAN adicionadas al programa MODEL
[Akin(1984)] para resolver los problemas de las secciones 4.4.1 a 4.4.3 y 4.5.1

```
C=====================FLUJO=========================
C   CALCULA LA FUNCION FORZANTE F1 DE LA ECUACION DE POISSON
C   E INCORPORA LA CONDICION FRONTERA NEUMANN CF1
C=================================================
      SUBROUTINE FLUJO(NSDM,N,D5,NOELM,XY,C01,kF1,NQP,
     + COORD,IO,F1,MS)
      DIMENSION D5(N),COORD(NSDM,N),H(8),PTF(2,8),DHF(2,8),
     +AJINV(2,2),D2HF(3,8),AJF(2,2),A2JF(3,3),AJBF(3,2),
     +AJINVF(2,2),SDO(8),AJ(2,2),f1(8),A2JINVF(3,3),NOELM(8),
     + DLH(2,8),DGH(2,8),GPT(4),GWT(4),PT(2,16),WT(16),
     + D2LH(3,8),D2GH(3,8),HTH(8,8),FLUX(8),DGHF(2,8),
     + D2GHF(3,8),FUX(8),FUY(8),F2UX(8),F2UY(8),F2XY(8),
     +           + XY(nsdm,4000)
      REAL kF1,C01,CF,G1XHD,G1YHD,G2XHD,G2YHD,G2XYHD
     + D2FIP,D2FIE,D2FIPE,xg,yg,F2,PTG1,PTG2,MS(8,8)
      CALL ZEROR(N,FLUX)
      CALL ZEROR(N,F1)
      CALL ZEROR(N*N,HTH)
      CALL ZEROR(N,SDO)
      CALL GAUS2D(IO,NQP,GPT,GWT,NIP,PT,WT)
      DO 5 IP=1,NIP
      CALL SHP8Q(PT(1,IP),PT(2,IP),H)
      CALL DER8Q(PT(1,IP),PT(2,IP),DLH)
      CALL JACOB(N,NSDM,DLH,COORD,AJ)
      CALL I2BY2(AJ,AJINV,DET)
      CALL GDERIV(NSDM,N,D5,AJINV,DLH,DGH)
      DETWT=DET*WT(IP)
      DO 10 I=1,N
      DO 15 J=I,N
      HTH(I,J)=HTH(I,J)+H(I)*H(J)*DETWT
   15 CONTINUE
   10 CONTINUE
    5 CONTINUE
      DO 30 J=1,N
      DO 20 I=J,N
      HTH(I,J)=HTH(J,I)
           MS(I,J)=HTH(I,J)
   20 CONTINUE
   30 CONTINUE
```

Continúa Flujo.f ……………..

```
   CALL FLUP8(PTF)
   DO 40 I=1,N
   CALL DER8Q(PTF(1,I),PTF(2,I),DHF)
   CALL D2ER8Q(PTF(1,I),PTF(2,I),D2HF)
   CALL D2E8QN(D2HF,D5,N,D2FIP,D2FIE,D2FIPE)
   CALL JACOB(N,NSDM,DHF,COORD,AJF)
   CALL J2ACOB(N,NSDM,DHF,D2HF,COORD,AJF,A2JF,AJBF)
   CALL I2BY2(AJF,AJINVF,DETF)
   CALL I3BY3(A2JF,A2JINVF,DET2F)
   CALL GDERIV (NSDM,N,D5,AJINVF,DHF,DGHF)
   CALL G3DERIV (NSDM,N,AJINVF,A2JINVF,D2FIP,D2FIE,
       + D2FIPE,AJBF,D5,DGHF,G1XHD,G1YHD,G2XHD,G2YHD, + G2XYHD)
   SDO(I)=(C01**2.0)-((kF1-1.0)/2.0)*
       &  ((G1XHD**2.0)+(G1YHD**2.0))
        FLUX(I)=((G1XHD**2.0)*G2XHD +
   (G1YHD**2.0)*G2YHD
       & + (2.0)*G1XHD*G1YHD*G2XYHD)/SDO(I)
   c  flux(i)=-12*XY(1,NOELM(I))*XY(2,NOELM(i))
      write (io,100)XY(1,NOELM(I)),XY(2,NOELM(i))
 40 CONTINUE
   CALL MATMUL(N,N,1,HTH,FLUX,F1)
   RETURN
100      format(2F10.4)
   END


C========================CALOR========================
C   CALCULA LA FUNCION FORZANTE F1 DE LA ECUACION DE POISSON
C   E INCORPORA LA CONDICION FRONTERA NEUMANN CF1
C========================================================
   SUBROUTINE CALOR(NSDM,N,D5,NOELM,XY,C01,kF1,NQP,
   + COORD,IO,F1,MS)
   DIMENSION D5(N),COORD(NSDM,N),H(8),PTF(2,8),DHF(2,8),
   +AJINV(2,2),D2HF(3,8),AJF(2,2),A2JF(3,3),AJBF(3,2),
   +AJINVF(2,2),SDO(8),AJ(2,2),f1(8),A2JINVF(3,3),NOELM(8),
   + DLH(2,8),DGH(2,8),GPT(4),GWT(4),PT(2,16),WT(16),
   + D2LH(3,8),D2GH(3,8),HTH(8,8),FLUX(8),DGHF(2,8),
   + D2GHF(3,8),FUX(8),FUY(8),F2UX(8),F2UY(8),F2XY(8),
       + XY(nsdm,4000)
   REAL kF1,C01,CF,G1XHD,G1YHD,G2XHD,G2YHD,G2XYHD
   + D2FIP,D2FIE,D2FIPE,xg,yg,F2,PTG1,PTG2,MS(8,8)
   CALL ZEROR(N,FLUX)
   CALL ZEROR(N,F1)
```

```
      CALL ZEROR(N*N,HTH)
      CALL ZEROR(N,SDO)
```
Continúa Calor.f……………….

```
 CALL GAUS2D(IO,NQP,GPT,GWT,NIP,PT,WT)
    DO 5 IP=1,NIP
    CALL SHP8Q(PT(1,IP),PT(2,IP),H)
    CALL DER8Q(PT(1,IP),PT(2,IP),DLH)alor
 CALL JACOB(N,NSDM,DLH,COORD,AJ)
CALL I2BY2(AJ,AJINV,DET)
    CALL GDERIV(NSDM,N,D5,AJINV,DLH,DGH)
    DETWT=DET*WT(IP)
    DO 10 I=1,N
    DO 15 J=I,N
    HTH(I,J)=HTH(I,J)+H(I)*H(J)*DETWT
 15 CONTINUE
 10 CONTINUE
  5 CONTINUE
    DO 30 J=1,N
    DO 20 I=J,N
    HTH(I,J)=HTH(J,I)
         MS(I,J)=HTH(I,J)
 20 CONTINUE
 30 CONTINUE
    CALL FLUP8(PTF)
    DO 40 I=1,N
    CALL DER8Q(PTF(1,I),PTF(2,I),DHF)
    CALL D2ER8Q(PTF(1,I),PTF(2,I),D2HF)
    CALL D2E8QN(D2HF,D5,N,D2FIP,D2FIE,D2FIPE)
    CALL JACOB(N,NSDM,DHF,COORD,AJF)
    CALL J2ACOB(N,NSDM,DHF,D2HF,COORD,AJF,A2JF,AJBF)
    CALL I2BY2(AJF,AJINVF,DETF)
    CALL I3BY3(A2JF,A2JINVF,DET2F)
    CALL GDERIV (NSDM,N,D5,AJINVF,DHF,DGHF)
    CALL G3DERIV (NSDM,N,AJINVF,A2JINVF,D2FIP,D2FIE,
   + D2FIPE,AJBF,D5,DGHF,G1XHD,G1YHD,G2XHD,G2YHD,
   + G2XYHD)
      FLUX(I)=((G1XHD**2.0)*G2XHD + (G1YHD**2.0)*G2YHD
         & + (2.0)*G1XHD*G1YHD*G2XYHD)/SDO(I)
             write (io,100)XY(1,NOELM(I)),XY(2,NOELM(i))
       C     flux(i)=4*((XY(1,NOELM(I))**2)+(XY(2,NOELM(i))**2))
       write (io,100)XY(1,NOELM(I)),XY(2,NOELM(i))
 40 CONTINUE
    CALL MATMUL(N,N,1,HTH,FLUX,F1)
    RETURN
100        format(2F10.4)
    END
```

```
======== J 2 A C O B ====================
C= Obtiene el jacobiano de segundas derivadas
    SUBROUTINE J2ACOB(N,NSDM,DH,D2H,COORD,JA,A2J,J2B)
        DIMENSION A2J(3,3),DH(NSDM,N),D2H(3,N),
      + COORD(NSDM,N)
        REAL JA(NSDM,NSDM),J2B(3,2)
        A2J(1,1)=JA(1,1)**2
        A2J(1,2)=2*JA(1,1)*JA(1,2)
Continúa J2ACOB............
        A2J(1,3)=JA(1,2)**2
        A2J(2,1)=JA(2,1)**2
        A2J(2,2)=2*JA(2,1)*JA(2,2)
        A2J(2,3)=JA(2,2)**2
        A2J(3,1)=JA(1,1)*JA(2,1)
        A2J(3,2)=(JA(1,1)*JA(2,2))+(JA(2,1)*JA(1,2))
        A2J(3,3)=JA(1,2)*JA(2,2)
        DO 30 I=1,3
        DO 20 J=1,NSDM
        SUM=0.0
        DO 10 K=1,N
        SUM=SUM+D2H(I,K)*COORD(J,K)
   10 CONTINUE
        J2B(I,J)=SUM
   20 CONTINUE
   30 CONTINUE
RETURN
        END


C=== D 2 E R 8 Q =================
C Segundas derivadas de las funciones de forma
SUBROUTINE D2ER8Q(S,T,D2H)
        DIMENSION D2H(3,8)
        SP = 1.0+S
        SM = 1.0-S
        TP = 1.0+T
        TM = 1.0-T
        D2H(1,1) = 0.5*TM
        D2H(1,2) = 0.5*TM
        D2H(1,3) = 0.5*TP
        D2H(1,4) = 0.5*TP
        D2H(1,5) = -TM
        D2H(1,6) = 0.0
        D2H(1,7) = -TP
        D2H(1,8) = 0.0
        D2H(2,1) = 0.5*SM
        D2H(2,2) = 0.5*SP
        D2H(2,3) = 0.5*SP
```

```
      D2H(2,4) = 0.5*SM
Continúa D2ER8Q....................

      D2H(2,5) = 0.0
      D2H(2,6) = -SP
      D2H(2,7) = 0.0
      D2H(2,8) = -SM
      D2H(3,1) = -0.5*S+0.25-0.5*T
      D2H(3,2) = -0.5*S-0.25+0.5*T
      D2H(3,3) = 0.5*S+0.25+0.5*T
      D2H(3,4) = 0.5*S-0.25-0.5*T
      D2H(3,5) = S
      D2H(3,6) = 0.0
      D2H(3,7) = -S
      D2H(3,8) = 0.0
      RETURN
      END

C  FLU8
C Obtiene las derivadas del Cuadrilátero Cuadrático
SUBROUTINE FLU8(N,NE,NDFE,NSDM,COORD,D,NOELM,L2L,GVX,GVY)
DIMENSION COORD(2,10000),NOELM(10000),PT(2,8),WT(8),
+ AJV(2,2),AJINVV(2,2),HV(8),DLHV(2,8),DGHV(2,8), +
D(10000),VX1(10000),VY1(10000),GVX(10000),GVY(10000)
      OPEN (7,FILE='VE.SAL')
      NDFS=N*NE
      CALL ZEROR(NDFS,VX1)
      CALL ZEROR(NDFS,VY1)
      CALL FLUP8(PT)
      DO 20 IP=1,N
      CALL DER8Q(PT(1,IP),PT(2,IP),DLHV)
      CALL JACOB(N,NSDM,DLHV,COORD,AJV)
      CALL I2BY2(AJV,AJINVV,DETV)
      CALL GDERIV(NSDM,N,D,AJINVV,DLHV,DGHV)
      DO 30 I=1,N
      VX1(NOELM(IP))=VX1(NOELM(IP))+DGHV(1,I)*
     & D(NOELM(I))
      VY1(NOELM(IP))=VY1(NOELM(IP))+DGHV(2,I)*
     & D(NOELM(I))
   30 CONTINUE
      WRITE (7,100) +
NOELM(IP),D(NOELM(IP)),VX1(NOELM(IP)),VY1(NOELM(IP))
      IV2=IP
      CALL VEL(NSDM,N,VX1,VY1,GVX,GVY,NOELM,L2L,IV2)
   20 CONTINUE
  100 FORMAT(I3,2X,1P7E15.6,2F10.4)
      RETURN
      END
```

```
C      ELSE2
c    Selecciona el tipo de elemento
SUBROUTINE ELSE2(IO,N,NE,NDFE,NSDM,COORD,D,
     + NOELM,L2L,GVX,GVY)
       DIMENSION COORD(2,10000),
GVX(10000),GVY(10000),D(10000)
       IF (N .LT. 6 .OR. N .GT. 8) GOTO 90
       GOTO (10,20,60),NSDM
   10 GOTO 90
20 GOTO (90,90,90,90,90,90,30,90,50),N
       RETURN
c   30 CALL FLU6(N,NDFE,NSDM,COORD,D,NOELM,L2L,GVX,GVY)
   30   RETURN
   50 CALL FLU8(N,NE,NDFE,NSDM,COORD,D,NOELM,L2L,GVX,GVY)
       RETURN
   60 GOTO 90
   90 WRITE (IO,100)
       STOP
  100 FORMAT(1H1,//,'INVALID ELEMENT TYPE')
       END


******* G3DERIV
c  Obtiene las sefgundas derivadas fglobales de la
fgunción
SUBROUTINE G3DERIV(NSDM,N,AJINV,A2JINV,D2FIP,
     + D2FIE,D2FIPE,A2CB,D,GHDN,D1XHD,D1YHD,D2XHD,
     + D2YHD,D2XYHD)
       DIMENSION AJINV(2,2),A2JINV(3,3),A2CB(3,2),
     + GHDN(2,8),D(8)
       REAL D2FIP,D2FIE,D2FIPE,D1XHD,D1YHD,D2XHD,
     + D2YHD,D2XYHD,D1,D2,D3
       D1XHD=0.0
       D1YHD=0.0
       D1=0.0
       D2=0.0
       D3=0.0
       D2XHD=0.0
       D2YHD=0.0
       D2XYHD=0.0
       DO 10 I=1,N
       D1XHD=D1XHD+GHDN(1,I)*D(I)
       D1YHD=D1YHD+GHDN(2,I)*D(I)
   10 CONTINUE
       D1=D2FIP-D1XHD*A2CB(1,1)-D1YHD*A2CB(1,2)
       D2=D2FIE-D1XHD*A2CB(2,1)-D1YHD*A2CB(2,2)
       D3=D2FIPE-D1XHD*A2CB(3,1)-D1YHD*A2CB(3,2)
       D2XHD=A2JINV(1,1)*D1+A2JINV(1,2)*D2+
     % A2JINV(1,3)*D3
```

```
      D2YHD=A2JINV(2,1)*D1+A2JINV(2,2)*D2+
Continúa G3DERIV ........................
```

Continúa G3DERIV ....

```
% A2JINV(2,3)*D3
      D2XYHD=A2JINV(3,1)*D1+A2JINV(3,2)*D2+
    & A2JINV(3,3)*D3
      RETURN
        END
```